高等院校电气信息类专业"互联网+"创新规划教材

大学计算机基础

主　编　孙　琦
副主编　庄　沈　杜芳静　赵晶晶
主　审　王东辉

北京大学出版社
PEKING UNIVERSITY PRESS

内容简介

本书以大数据时代为背景,以通俗易懂的语言、翔实生动的案例全面介绍了大学计算机基础的相关理论及应用,全书共分7章,内容包括大数据和计算机基础知识、Windows操作系统、Word 2010文字处理软件、Excel 2010电子表格处理软件、PowerPoint 2010演示文稿软件、计算机网络与应用,以及IT新技术。

本书具有很强的实用性和可操作性,是一本适用于高等院校计算机基础课程的教材,也可供计算机爱好者自学使用。

图书在版编目(CIP)数据

大学计算机基础/孙琦主编. —北京:北京大学出版社,2021.8
高等院校电气信息类专业"互联网+"创新规划教材
ISBN 978-7-301-32347-2

Ⅰ.①大… Ⅱ.①孙… Ⅲ.①电子计算机—高等学校—教材 Ⅳ.①TP3

中国版本图书馆CIP数据核字(2021)第144244号

书　　名	大学计算机基础 DAXUE JISUANJI JICHU
著作责任者	孙 琦 主编
策划编辑	郑 双
责任编辑	郑 双
数字编辑	蒙俞材
标准书号	ISBN 978-7-301-32347-2
出版发行	北京大学出版社
地　　址	北京市海淀区成府路205号　100871
网　　址	http://www.pup.cn　新浪微博:@北京大学出版社
电子信箱	pup_6@163.com
电　　话	邮购部 010-62752015　发行部 010-62750672　编辑部 010-62750667
印刷者	三河市博文印刷有限公司
经销者	新华书店
	787毫米×1092毫米　16开本　15.75印张　378千字 2021年8月第1版　2022年12月第3次印刷
定　　价	48.00元

未经许可,不得以任何方式复制或抄袭本书之部分或全部内容。
版权所有,侵权必究
举报电话:010-62752024　电子信箱:fd@pup.pku.edu.cn
图书如有印装质量问题,请与出版部联系,电话010-62756370

前 言

随着大数据时代的到来，人们无论是在工作、学习上，还是在日常生活中都离不开大数据。大数据正在以一种前所未有的巨大力量影响并推进着各个行业的发展，大数据以及基于大数据发展起来的人工智能的广泛应用已成为全球经济社会发展的共同趋势。在大数据和人工智能的新时代，大学生普遍使用计算机、智能手机，在应用互联网、移动互联网的过程中学习和获取新知识、新技术。为适应大数据时代对人才培养提出的新要求，提高大学生计算机应用能力已经成为培养高素质应用型人才的重要组成部分。"大学计算机基础"是大学生的必修基础课，要求学生在大数据时代掌握计算机的基本理论知识和操作技能，能够使用常用操作系统和应用软件。编者通过多年的计算机基础教学发现，计算机基础教程如果单纯讲理论、讲菜单、讲命令，会让读者感觉计算机太难学、太枯燥，为此结合多年的教学体会，从实用的角度出发编写了本书。

本书有以下三个主要特点。

1. 顺应大数据时代要求，引入最新教学内容。与以往的大学计算机基础教材的内容不同，本书增加了大数据产生的背景、大数据思维、大数据应用和关键技术等方面的基础知识，并突出培养学生使用计算机进行数据存储和数据分析等方面的应用能力，同时拓展计算机基础的范畴。本书还加入了当前流行的人工智能、物联网、虚拟现实等新技术和新应用。

2. 教学内容精练，案例带动知识点。本书最大的特点是打破了以往计算机基础教材的内容体系结构，用案例来带动知识点，层层深入、由浅入深，贯穿全书，使读者摆脱了学习计算机必须先掌握大量抽象的基础知识和枯燥的操作要领的惯例。案例在选择上强调实用，在表现形式上强调灵活，在内容方面强调与时俱进。

3. 全新立体的数字媒体表现形式，满足个性化需求。本书配有二维码素材，包括教学 PPT、案例素材、重点案例视频、操作技巧，以便让读者更轻松、快捷地学会使用计算机，用计算机去学习、去工作，达到学以致用的目的，起到立竿见影的作用。

本书由孙琦担任主编，庄沈、杜芳静、赵晶晶担任副主编，王东辉担任主审。全书共分为 7 章，第 1 章和第 2 章由庄沈编写，第 3 章由赵晶晶编写，第 4 章和第 5 章由杜芳静编写，第 6 章和第 7 章由孙琦编写。全书由孙琦统稿，王东辉审核。由于编者的水平及能力有限，书中不足之处在所难免，望各位专家和同行不吝赐教。谢谢！

编 者
2021 年 1 月

本书课程思政元素

本书课程思政元素从"格物、致知、诚意、正心、修身、齐家、治国、平天下"的中国传统文化角度着眼,再结合社会主义核心价值观"富强、民主、文明、和谐、自由、平等、公正、法治、爱国、敬业、诚信、友善"设计出课程思政的主题。然后紧紧围绕"价值塑造、能力培养、知识传授"三位一体的课程建设目标,在课程内容中寻找相关的落脚点,通过案例、知识点等教学素材的设计运用,以润物细无声的方式将正确的价值追求有效地传递给读者。

本书的课程思政元素设计以"习近平新时代中国特色社会主义思想"为指导,运用可以培养大学生理想信念、价值取向、政治信仰、社会责任的题材与内容,全面提高大学生缘事析理、明辨是非的能力,把学生培养成为德才兼备、全面发展的人才。

每个课程思政元素的教学活动过程都包括内容导引、展开研讨、总结分析等环节。在课程思政教学过程,老师和学生共同参与其中。在课堂教学中教师可结合下表中的内容导引,针对相关的知识点或案例,引导学生进行思考或展开讨论。

页码	内容导引	思考问题	课程思政元素
2	毕达哥拉斯——万物皆数	1. 大数据时代我们的生活有哪些变化? 2. 数据的重要性体现在哪些方面?	适应发展
7	最早的大数据实践——莫里航海图	1. 大数据应用源远流长,还有哪些早期的实践活动? 2. 我国最早的大数据实践是什么?	科技发展
12	中国第一台巨型计算机	你知道我国的计算机从巨型计算机到微型计算机经历了怎样的发展历程吗?	文化自信、看齐意识
33	鸿蒙是第二个安卓吗?NO,鸿蒙是生态!	数据共享、万物互联将我们带入了新的时代,你都应用了哪些?	民族自豪感、大国复兴
65	仓颉造字	1. 最早的汉字,你见过吗? 2. 汉字的发展,你了解吗?	毅力、创新意识、文化传承、传统文化
86	3.2.4 案例应用	1. 你觉得参加竞赛是否有助于提高团队合作能力? 2. 提升自身专业能力的同时,怎样促进团队更好协作?	团队合作、创新意识、专业能力
89	"第一印象"很重要	1. 你给人的第一印象怎么样? 2. 你认为良好的品行有哪些?	诚信、文化传承
120	算器文物《算表》	1. 我国数学发展具有悠久的历史,你知道哪些历史上的数学家? 2. 你知道哪些算法起源于我国吗?	文化传承、民族瑰宝

续表

页码	内容导引	思考问题	课程思政元素
128	你真的能"熟练操作Office办公软件"吗?	1. 你会用哪些办公软件? 2. 你精通哪些计算机软件?	努力学习、终身学习
138	函数发展简史	1. 函数在哪些学科中应用较多? 2. 你学过哪些常用的函数呢?	洋为中用、世界文化
143	信息图表的发展趋势	数据实时更新技术已经应用于各行各业,你知道的有哪些?	科技发展
157	汉字激光照排系统	1. 你知道活字印刷是怎么操作的吗? 2. 我国印刷业发展都经历了哪些阶段?	科学精神、科学素养、努力学习、求真务实
163	数据可视化,你听过吗?	1. 为什么需要数据可视化? 2. 你能举出一些你见过的数据可视化案例吗?	逻辑思维、专业能力
171	5.2.10 案例应用	企业如何实现产业报国?	产业报国、企业文化
173	"中国天眼"	我国在航天科技领域发展迅速,自主研发的成果有哪些?	国之重器、现代化、大国风范
177	5.3.4 案例应用	1. 教师应该如何引导学生、启发学生,让学生更好掌握和应用知识? 2. 传统教学模式和新媒体教学模式,你更青睐哪种?	爱岗敬业
179	ASCII 知多少?	你还知道哪些通用的计算机技术?	他山之石
186	互联网发送的第一个信息是"L"和"O"	互联网的发展在哪些方面改变了人们的生活方式?	科技发展
191	6.1.4 案例应用	工作中做好本职工作很重要,与同事协作是否可以忽视?	热爱工作、沟通协作
192	中国互联网时代的开启	1. 我国互联网发展都经历了哪些阶段? 2. 生活中,互联网给你带来了哪些便利?	科技发展
214	海尔:人人都是创新体	企业发展需要改革和创新,你认为企业可以从哪些方面激励员工的创新意识?	创新意识
214	阿尔法围棋(AlphaGo)	大数据应用于人工智能将为我们的生活带来哪些改变?	中西结合
228	2021 年春晚节目《牛起来》	1. 虚拟现实技术的应用有哪些? 2. 你觉得虚拟现实技术对我们的生活会有哪些影响?	科技发展、文化自信

目 录

第 1 章 大数据和计算机基础知识 ... 1

1.1 大数据概述 ... 2
- 1.1.1 大数据的概念 ... 4
- 1.1.2 大数据的产生过程 ... 4
- 1.1.3 大数据的特征 ... 5
- 1.1.4 数据的计量单位 ... 5
- 1.1.5 大数据处理的基本流程 ... 6
- 1.1.6 大数据的应用前景 ... 6

1.2 大数据的应用 ... 7
- 1.2.1 大数据在医疗方面的应用 ... 8
- 1.2.2 大数据在金融领域中的应用——芝麻信用 ... 9
- 1.2.3 大数据在其他领域的应用 ... 10
- 1.2.4 案例应用——大数据在医疗领域的具体应用——健康预测 ... 11

1.3 计算机概论 ... 12
- 1.3.1 计算机的发展简史 ... 13
- 1.3.2 计算机的特点 ... 17
- 1.3.3 计算机的应用 ... 18
- 1.3.4 计算机中的数据表示与编码 ... 19
- 1.3.5 进位计数制 ... 20
- 1.3.6 进制转换 ... 21
- 1.3.7 字符编码 ... 23
- 1.3.8 案例应用——ASCII 的应用 ... 24

1.4 计算机系统构成 ... 24
- 1.4.1 微型计算机系统 ... 25
- 1.4.2 案例应用——计算机的选购 ... 27

知识延展 ... 28
本章总结 ... 28
关键词 ... 28

本章习题 28
　　推荐阅读 30
第 2 章　Windows 操作系统 31
　2.1　操作系统概述 32
　　2.1.1　操作系统的概念 34
　　2.1.2　操作系统的功能 34
　　2.1.3　操作系统的分类 35
　　2.1.4　操作系统的安装 38
　　2.1.5　认识 Windows 10 系统 38
　2.2　Windows 10 文件及文件夹的管理 40
　　2.2.1　键盘的基本操作 41
　　2.2.2　认识 Windows 文件 44
　　2.2.3　浏览计算机中的资源 45
　　2.2.4　执行应用程序 45
　　2.2.5　文件和文件夹的操作 46
　　2.2.6　库 48
　　2.2.7　案例应用——计算机的文件管理 49
　2.3　Windows 10 个性化环境设置 49
　　2.3.1　个性化的桌面和主题 50
　　2.3.2　时间语言设置 56
　　2.3.3　卸载程序 56
　　2.3.4　鼠标和键盘设置 57
　　2.3.5　用户账户 59
　　2.3.6　轻松使用设置 60
　　2.3.7　文件资源管理器选项设置 60
　　2.3.8　案例应用——计算机中应用程序的卸载 61
　　知识延展 61
　　本章总结 62
　　关键词 62
　　本章习题 62
　　推荐阅读 63
第 3 章　Word 2010 文字处理软件 64
　3.1　Word 简介 65
　　3.1.1　Word 的用途 66
　　3.1.2　Word 的启动与退出 66

目录   VII

　　　3.1.3　Word 的界面布局 67
　　　3.1.4　案例应用——定制个性化的选项卡 69
　3.2　文档的基本操作和文本编辑 72
　　　3.2.1　文件的基本操作 73
　　　3.2.2　文档的编辑 75
　　　3.2.3　页面布局设置 83
　　　3.2.4　案例应用——制作一则通知 86
　3.3　表格操作 88
　　　3.3.1　表格的建立 89
　　　3.3.2　表格的编辑 91
　　　3.3.3　设置表格样式美化表格 93
　　　3.3.4　案例应用——制作一份精美的个人简历 94
　3.4　图文混排 96
　　　3.4.1　绘制与编辑图形 97
　　　3.4.2　插入和编辑其他对象 98
　　　3.4.3　图文的排列方式 103
　　　3.4.4　案例应用——设计一个具有美感的文档版式 104
　3.5　长文档的编辑与管理 107
　　　3.5.1　插入题注、脚注和尾注 107
　　　3.5.2　创建索引与目录 109
　　　3.5.3　文档的修订与批注 111
　　　3.5.4　打印预览与打印 113
　　　3.5.5　案例应用——宣传手册的排版设计 114
　知识延展 116
　本章总结 117
　关键词 117
　本章习题 117
　推荐阅读 118

第 4 章　Excel 2010 电子表格处理软件 119

　4.1　工作簿和工作表基本操作 120
　　　4.1.1　创建和打开工作簿 121
　　　4.1.2　保存和关闭工作簿 121
　　　4.1.3　保护工作簿 122
　　　4.1.4　选择工作表 124
　　　4.1.5　插入与删除工作表 124

4.1.6 移动与复制工作表	125
4.1.7 隐藏与显示工作表	126
4.1.8 冻结工作表	126
4.2 编辑工作表	127
4.2.1 数据的输入	128
4.2.2 数据的填充	129
4.2.3 单元格的编辑	131
4.2.4 设置数据条件格式	135
4.2.5 案例应用——编制学生成绩表	135
4.3 公式及函数的应用	137
4.3.1 输入公式	138
4.3.2 公式中的运算符	139
4.3.3 单元格相对地址引用	140
4.3.4 单元格绝对地址引用	140
4.3.5 常用函数	140
4.3.6 案例应用——学生成绩统计分析	141
4.4 数据管理与分析	143
4.4.1 图表的制作	144
4.4.2 数据排序	145
4.4.3 数据筛选	147
4.4.4 案例应用——快递费用评估	150
知识延展	152
本章总结	152
关键词	153
本章习题	153
推荐阅读	155
第 5 章 PowerPoint 2010 演示文稿软件	**156**
5.1 演示文稿的基本操作	157
5.1.1 创建和保存演示文稿	157
5.1.2 打开和关闭演示文稿	159
5.1.3 保护演示文稿	159
5.1.4 插入与删除幻灯片	160
5.1.5 移动与复制幻灯片	161
5.1.6 隐藏与显示幻灯片	162
5.2 幻灯片的编辑	163

  5.2.1 幻灯片的版式 164
  5.2.2 文本的输入和编辑 164
  5.2.3 插入图片和文本框 165
  5.2.4 插入艺术字 166
  5.2.5 插入 SmartArt 图形 167
  5.2.6 插入表格 167
  5.2.7 插入图表 168
  5.2.8 插入音频文件 169
  5.2.9 插入视频文件 170
  5.2.10 案例应用——公司的宣传文稿 171
 5.3 幻灯片的特效设计 173
  5.3.1 设置幻灯片背景 173
  5.3.2 使用幻灯片母版 174
  5.3.3 制作动画 175
  5.3.4 案例应用——小学授课课件 177
 5.4 幻灯片的放映 178
  5.4.1 设置放映方式 179
  5.4.2 控制放映过程 180
  5.4.3 设置放映时间 181
  5.4.4 自定义幻灯片放映 182
 知识延展 183
 本章总结 183
 关键词 183
 本章习题 183
 推荐阅读 184

第 6 章 计算机网络与应用 185

 6.1 计算机网络概述 186
  6.1.1 计算机网络的概念 186
  6.1.2 计算机网络的主要功能 187
  6.1.3 计算机网络的分类 187
  6.1.4 案例应用——共享打印机 191
 6.2 Internet 应用 192
  6.2.1 Internet 接入技术 193
  6.2.2 IP 地址、域名和 URL 197
  6.2.3 WWW 服务 199

6.2.4 Internet 信息的查找 200
6.2.5 案例应用——无线网络连接 203
6.3 Web 前端开发技术 205
6.3.1 Web 的特点 206
6.3.2 Web 前端开发技术 206
6.3.3 案例应用——制作网站主页 209
知识延展 210
本章总结 211
关键词 211
本章习题 211
推荐阅读 212

第 7 章 IT 新技术 213

7.1 人工智能 214
7.1.1 人工智能概述 215
7.1.2 人工智能研究的基本内容 218
7.1.3 人工智能的应用 220
7.1.4 案例应用——科大讯飞与人工智能翻译 221
7.2 物联网 222
7.2.1 物联网概述 223
7.2.2 物联网的关键技术 224
7.2.3 物联网的应用 226
7.2.4 案例应用——比尔·盖茨"最有智慧"的豪宅 226
7.3 虚拟现实技术 228
7.3.1 虚拟现实技术概述 229
7.3.2 虚拟现实技术的发展历史 232
7.3.3 虚拟现实技术的应用 232
7.3.4 案例应用——TwinSite 推出交互式 VR 培训 234
知识延展 234
本章总结 235
关键词 235
本章习题 235
推荐阅读 236

参考文献 237

第 1 章 大数据和计算机基础知识

【学习目标】

1. 了解大数据的相关概念。
2. 熟悉大数据的基本知识及其主要应用。
3. 了解计算机的产生发展及其相关概念。
4. 掌握计算机硬件、软件的基本知识并能进行实际应用。

【建议学时】

8~10 学时。

【思维导图】

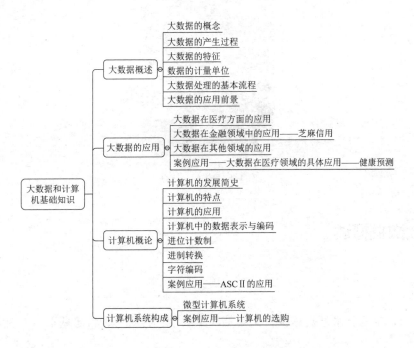

> **故事导读**

毕达哥拉斯——万物皆数

毕达哥拉斯（图 1-1）是古希腊的大数学家。毕达哥拉斯出生在爱琴海东部的萨摩斯岛的贵族家庭，自幼聪明好学，曾在名师门下学习几何学、自然科学和哲学。他证明了许多重要的定理，包括后来以他的名字命名的毕达哥拉斯定理，即勾股定理。毕达哥拉斯学派提出"万物皆数"的命题，即世界是由数组成的，世界上的一切没有不可以用数来表示的，数本身就是世界的秩序。他们认为数是一种可以被感知的客观存在，就如同颜色一样，还认为数即万物，万物皆数，事物的性质是由某种数量关系决定的，万物按照一定的数量比例而构成和谐的秩序。但直到今天，随着基于互联网、移动互联网、物联网等的大数据技术广泛深入融合到金融、教育、医疗、农业、电信、交通等各个行业后，我们的时代才真正进入了"数即万物，万物皆数"的大数据时代。大数据正在改变我们的生活，颠覆我们的传统思维方式，这种改变在以前是难以想象的，以致我们目不暇接、惊喜连连。

毕达哥拉斯——万物皆数

图 1-1 毕达哥拉斯

1.1 大数据概述

引言

近年来，信息技术发展迅猛，尤其是以互联网、物联网、信息获取、社交网络等为代表的技术发展日新月异，数据的来源及其数量正以前所未有的速度增长。大数据的应用已广泛深入我们生活的方方面面，本节我们将学习大数据的概念、产生、特点及作用。

▶ **故事导读** ◀

南丁格尔

南丁格尔（图 1-2）是视觉表现和统计图形的先驱，也是世界上第一个真正的女护士。南丁格尔从小就显示出数学天赋。克里米亚战争爆发后，由于缺少护士且医疗条件恶劣，英国的参战士兵死亡率高达 42%。南丁格尔于 1854 年 10 月前往克里米亚野战医院工作，在这期间南丁格尔分析了很多档案资料，她发现了一个惊人的事实，英军伤员死亡的原因大部分是因为感染疾病，以及重伤士兵得不到及时救护，而不是战场上直接受伤所致。为此，她使用极坐标图、饼图，直观地向国会议员报告克里米亚战争的医疗条件。南丁格尔用自己的行动，切实地提高了军队医院的卫生保健工作，军队的医疗事业也得到了很大改善，仅仅半年时间伤病员的死亡率就下降到 2.2%。

南丁格尔对当时的医疗数据进行大量的分析统计，用分析结果来改革医疗，做出了巨大贡献，她是将数据分析应用在医疗上的第一人。1859 年，南丁格尔被选为英国皇家统计学会的第一个女成员，后来成为美国统计协会的名誉会员。

南丁格尔

图 1-2　南丁格尔

1.1.1 大数据的概念

数据是指对客观事件进行记录并可以鉴别的符号,是对客观事物的性质、状态以及相互关系等进行记载的物理符号或这些物理符号的组合,是可识别的、抽象的符号。

数据可以是狭义上的数字,也是具有一定意义的文字、字母、数字符号的组合、图形、图像、视频、音频等,还可以是客观事物的属性、数量、位置及其相互关系的抽象表示。例如,"0、1、2…""阴、雨、气温""学生的档案记录""货物的运输情况"等都是数据。数据经过加工后就成为信息。

在计算机科学中,数据是指所有能输入计算机并被计算机程序处理的符号介质的总称,是具有一定意义的数字、字母、符号和模拟量等的统称。计算机存储和处理的对象十分广泛,表示这些对象的数据也随之变得越来越复杂。

大数据本身是一个抽象的概念。从一般意义上来讲,大数据是指无法在有限时间内用常规软件工具对其进行获取、存储、管理和处理的数据集合。

1.1.2 大数据的产生过程

当今数据的产生已经完全不受时间、地点的限制。从开始采用数据库作为数据管理的主要方式开始,人类社会的数据产生方式大致经历了运营式系统阶段、用户原创内容阶段和感知式系统阶段。

1. 运营式系统阶段

数据库的出现使得数据管理的复杂度大大降低,数据库大多为运营系统所采用,作为运营系统的数据管理子系统。人类社会数据量第一次大的飞跃始于运营式系统广泛使用数据库,这个阶段最主要的特点是数据往往伴随着一定的运营活动而产生并记录在数据库中,这种数据的产生方式是被动的。

2. 用户原创内容阶段

互联网的诞生促使人类社会数据量出现第二次大的飞跃。基于互联网,以微信、微博、博客为代表的新型社交网络的出现和快速发展,使得用户产生数据的意愿更加强烈;以智能手机、平板电脑为代表的新型移动设备的出现(这些新型移动设备最突出的特点是易携带,并且可以全天候接入网络),使得自媒体数据量近几年呈爆炸式增长,可见这个阶段数据的产生方式是主动的,这类数据最重要的标志就是用户原创内容。

3. 感知式系统阶段

人类社会数据量第三次大的飞跃最终导致了大数据的产生,今天我们正处于这个阶段。这次飞跃的根本原因在于感知式系统的广泛使用。随着技术的发展,人们已经有能力制造极其微小的、带有处理功能的传感器,并开始将这些设备广泛地布置于社会的各个角落,通过这些设备对整个社会的运转进行监控。这些设备会源源不断地生成新数据,这种数据的产生方式是自动的。

数据的产生经历了被动、主动和自动三个阶段。这些被动、主动和自动的数据共同构成了大数据的数据来源。

1.1.3 大数据的特征

目前,业界对大数据还没有一个统一的定义,但是大家普遍认为,大数据具备 Volume、Velocity、Variety 和 Value 四个特征(图 1-3),简称为"4V",即数据体量巨大 PB 级→EB 级→ZB 级。数据产生速度快,时效高。数据类型繁多,有文本 | 图像 | 视频 | 音频。价值密度低,商业价值高。

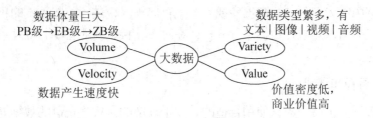

图 1-3 大数据的特征

1.1.4 数据的计量单位

在研究和应用大数据时,经常会接触到数据存储的计量单位,而随着大数据的产生,数据的计量单位也逐步发生变化。MB、GB 等常用单位已无法有效地描述大数据,典型的大数据一般会用到 PB、EB 和 ZB 这三种单位。数据的计量单位如表 1-1 所示。

表 1-1 数据的计量单位

数值换算	单位名称
1024 B=1kB	千字节(kilobyte)
1024 kB=1MB	兆字节(Megabyte)
1024 MB=1GB	吉字节(Gigabyte)
1024 GB=1TB	太字节(Terabyte)
1024 TB=1PB	拍字节(Petabyte)
1024 PB=1EB	艾字节(Exabyte)
1024 EB=1ZB	泽字节(Zettabyte)
1024 ZB=1YB	尧字节(Yottabyte)
1024 YB=1NB	诺字节(Nonabyte)

1.1.5 大数据处理的基本流程

在处理大数据的过程中，通常需要经过数据抽取与集成、数据分析、数据解释和展现等步骤。

1. 数据抽取与集成

数据抽取和集成是大数据处理的第一步，从抽取的数据中提取出关系和实体，经过关联和聚合等操作，按照统一定义的格式对数据进行存储。

2. 数据分析

数据分析是大数据处理的核心步骤，在从异构的数据源中获取了原始数据后，将数据导入一个集中的大型分布式数据库或分布式存储集群，进行一些基本的预处理工作，然后根据自己的需求对原始数据进行分析，在决策支持、商业智能、推荐系统、预测系统中应用广泛。

3. 数据解释和展现

在完成数据分析后，应该使用合适的、便于理解的方式将正确的数据处理结果展现给终端用户，可视化和人机交互是数据解释的主要技术。

1.1.6 大数据的应用前景

大数据技术目前正处在落地应用的初期，从大数据自身发展和行业发展的趋势来看，大数据的应用前景还是不错的，主要体现在以下几个方面。

1. 创造更多的价值

目前，在互联网领域，大数据技术已经在广泛应用。大数据的数据价值将开辟出广阔的市场空间，重点在于数据本身将为整个信息化社会赋能。随着大数据应用技术的落地应用，大数据的价值将逐渐得到体现。

2. 推动科技发展

大数据的应用正在推动科技的发展进程，大数据的影响不仅体现在互联网领域，也体现在金融、教育、医疗等领域。在人工智能研发领域，大数据也起到了重要的作用，尤其在机器学习、计算机视觉和自然语言处理等方面，大数据正在成为智能化社会的基础。

3. 产业链逐渐形成

目前，大数据已经初步形成了一个较为完整的产业链，包括数据采集、整理、传输、存储、分析、呈现和应用，众多企业开始参与到大数据产业链中，并形成了一定的产业规模，随着大数据的不断发展，相关产业规模会进一步扩大。

4. 落地传统产业

当前互联网正在经历从消费互联网向产业互联网的过渡期，产业互联网将利用大数据、物联网、人工智能等技术来赋能广大的传统产业，可以说，产业互联网的发展空间非常大，而大数据则是产业互联网发展的一个重点，大数据能否落地到传统产业，关乎产业互联网的发展进程，所以在产业互联网阶段，大数据将逐渐落地，也必然落地。

1.2 大数据的应用

引言

大数据的应用已广泛深入到我们生活的方方面面，涵盖了医疗、交通、金融、教育、体育、零售等行业。

故事导读

最早的大数据实践——莫里航海图

莫里[图1-4（a）]曾是一名优秀的美国海军军官，在一次偶然的事故后被迫退役。随后，他与20个志同道合的数据处理者一起整理了所有旧航海图上的信息，并绘制了一张拥有120万个数据点的航海图。莫里整合了数据之后，把整个大西洋按经纬度划分成了五块，并按月份标出了温度、风速和风向，这些数据提供了更为有效的航海路线[图1-4（b）]，使船只的航行时间大大减少。从纽约绕合恩角再到旧金山的航行时间，由180天缩短为133天。截至1850年，他的航海图已被全球95%的商船所采用。莫里航海图便是最早的大数据实践应用。

最早的大数据实践——莫里航海图

（a）莫里

（b）莫里航海图

图1-4 莫里与莫里航海图

> 随着互联网技术的快速发展，我国的数字化建设取得了巨大的成就，尤其是未来新兴产业的发展将大量依赖于数据资源，大数据就像数字经济的血液，在循环中不断更新，最终实现产业的升级。从国家政务到各大行业，大数据无不在其中扮演着越来越重要的角色。以新冠疫情为例，自疫情发生以来，大数据技术对疫情发展的实时跟踪、重点筛查及有效预测等工作发挥着重要作用。

互联网的壮大及云计算等技术的发展促进了移动云终端的进步。大数据正成为时下越来越活跃的领域。几十年前就有很多学者预言到了大数据的到来，大数据正在成为一种不可避免的趋势，它将给我们的生活等各个方面带来前所未有的改变。

1.2.1 大数据在医疗方面的应用

1. 产生背景

早期，大部分医疗相关数据是以纸张的形式存在的，而非以电子数据的形式存储的，例如，医院的医疗记录、收费记录，医生手写的病例记录、处方药记录，医疗设备生成的X光片记录、磁共振成像（MRI）记录、CT影像记录，等等。随着强大的数据存储、计算平台及移动互联网的发展，现在的趋势是医疗数据呈现大量爆发及快速电子数字化的趋势，上面提到的医疗数据都在不同程度上向数字化转化（图1-5）。医药和医疗行业的管理者们已经意识到，Hadoop、机器学习、自然语言处理等新型数据分析技术是带动医疗领域飞跃式发展的关键技术。

图1-5 大数据在医疗领域的应用

2. 主要功能

大数据在医疗领域的主要功能体现在以下几方面。

（1）有效弥补医疗资源及医疗力量的不足

医院建立大数据库，通过云计算服务上传到全国的医疗物联网后，各地医院的资源会各自充分发挥优势，进行统一协调，从而有效地弥补医疗资源及医疗力量的不足。

（2）辅助医生向患者提供诊疗服务

大数据机器人识别并记住各类海量的医学影像，例如 X 射线、核磁共振成像、超声波等。对大量病历进行深度挖掘与学习后，训练其对影片的诊断，最终实现辅助医生临床决策的作用，并能规范诊疗路径，提高医生的工作效率。

（3）加快新药开发

在医药研发方面，医药公司能够通过大数据技术分析来自互联网上的药品需求趋势，从而确定更为有效的投入产出比并合理配置有限的研发资源。此外，医药公司能够通过大数据技术优化物流信息平台及管理，使用数据分析预测提早将新药推向市场。在医药副作用研究方面，医疗大数据技术可以避免临床试验法、药物副作用报告分析法等传统方法存在的样本数小、采样分布有限等问题；可以从千百万患者的数据中挖掘到与某种药物相关的不良反应，样本数大、采样分布广，所获得的结果更具有说服力。此外，还可以从社交网中搜索到大量人群服用某种药物的不良反应记录，通过比对分析和数据挖掘，更科学、更全面地获得药物副作用的数据。

1.2.2　大数据在金融领域中的应用——芝麻信用

大数据在金融领域主要是应用于各种支付交易。例如，无论是网上租赁还是使用共享单车、花呗、借呗都离不开芝麻信用。芝麻信用是大数据在金融领域应用比较多的领域。这些年来，随着用户的不断增加，使用场景的不断丰富，使得支付宝已经成为国民级的手机应用，而支付宝中的芝麻信用也越来越成熟，成为重要的第三方征信体系之一。芝麻信用主要是利用大数据来收集用户的相关信用情况，包括购物的频次、使用花呗、借呗有没有逾期等，从而给用户的芝麻信用进行评分。

1. 芝麻信用产生背景

2015 年 1 月 5 日，中国人民银行发布了允许八家机构进行个人征信业务准备工作的通知，被视为是中国个人征信体系向商业机构开闸的信号，芝麻信用（图 1-6）等位列其中。

芝麻信用，是蚂蚁金服旗下独立的第三方征信机构，通过云计算、机器学习等技术客观呈现个人的信用状况，已经在信用卡、消费金融、融资租赁、酒店、租房、出行、婚恋、分类信息、学生服务、公共事业服务等上百个场景为用户、商户提供信用服务。

图 1-6 芝麻信用

2. 芝麻信用应用过程

芝麻信用分是芝麻信用对海量信息数据的综合处理和评估,主要包含了用户的信用历史、行为偏好、履约能力、身份特质、人脉关系五个维度。芝麻信用基于阿里巴巴的电商交易数据和蚂蚁金服的互联网金融数据,并与公安网等公共机构以及合作伙伴建立数据合作。

芝麻信用通过分析大量的网络交易及行为数据,可对用户进行信用评估,这些信用评估可以帮助互联网金融企业对用户的还款意愿及还款能力做出结论,继而为用户提供快速授信及现金分期服务。

3. 芝麻信用主要应用场景

芝麻信用已与租车、租房、婚恋、签证等多个领域的合作伙伴谈定了合作,例如,当用户的芝麻分达到一定数值,租车、住酒店时不用再交押金,网购时可以先试后买,办理签证时不用再办存款证明,等等。2016 年 5 月,光大银行宣布与蚂蚁金服旗下芝麻信用正式合作,引入芝麻信用全产品体系,在取得用户授权后,将借鉴芝麻分作为在线发卡、风控的依据。

1.2.3 大数据在其他领域的应用

随着大数据应用越来越普及,应用的行业也越来越广,每天都可以看到大数据的一些新奇的应用。大数据除了以上领域应用之外，还在其他领域应用，这些领域主要有以下几个。

1. 高能物理

高能物理是一个与大数据联系十分紧密的学科。科学家往往要从大量的数据中发现一些小概率的粒子事件，如比较典型的离线处理方式，由探测器组负责在实验时获取数据，而最新的大型强子对撞机（Large Hadron Collider，LHC）实验年采集数据高达15PB。高能物理中的数据不仅十分海量，且没有关联性，要从海量数据中提取有用的信息，需要使用并行计算技术对各个数据文件进行较为独立的分析处理。

2. 推荐系统

电子商务网站经常向用户提供商品信息和建议，如商品推荐、新闻推荐、视频推荐等。实现上述推荐需要依赖大数据，用户在访问网站时，网站会记录和分析用户的行为并建立模型，将该模型与数据库中的产品进行匹配，然后才能完成推荐。为了实现这个推荐，需要存储海量的客户访问信息，并进行大量数据分析，才能推荐出与用户行为相符合的电子商务网站内容。

3. 搜索引擎

搜索引擎是常见的大数据系统，为了有效地完成互联网上数量巨大的信息的收集、分类和处理工作，搜索引擎系统大多基于集群架构，搜索引擎的发展历程为大数据研究积累了宝贵的经验。

1.2.4 案例应用——大数据在医疗领域的具体应用——健康预测

在利用大数据发掘价值的所有行业中，医疗领域有可能实现最大的回报。凭借大数据，医疗服务提供商不仅可以知道如何提高盈利水平和经营效率，还能找到直接增进人类福祉的趋势，下面是大数据在医疗领域的具体应用案例。

解决方案： 通过智能手表等可穿戴设备的数据，建立健康预测模型，通过这些可穿戴设备持续不断地收集健康数据并存储在云端，实时汇报病人的健康状况，用于各种疾病的预测和分析，未来的临床试验将不再局限于小样本，而是包括所有人。

结果： 美国疾病控制与预防中心（Centers for Disease Control and Prevention，CDC）一直利用大数据对抗埃博拉病毒和其他流行病，CDC的大数据试验项目Bio Mosaic实时整合人口数据、健康统计数据和人口迁移状况，以便对流行病进行追踪，Bio Mosaic已被该中心作为预测、测试和锁定疾病的工具，它能够追踪潜在的疾病，并能就如何遏制潜在的流行病提出建议。

1.3 计算机概论

📝 引言

虽然平时在学习和生活中都使用计算机，但是计算机的功能很强大，远不止我们目前所了解的那么简单，计算机是如何诞生与发展的，计算机有哪些功能和分类，计算机的未来发展又是怎样的？

▶ 故事导读 ▶

中国第一台巨型计算机

在科学技术飞速发展的今天，人类在航空航天、卫星遥感、激光武器、海洋工程等技术以及空气动力学、流体力学、理论物理学等方面，遇到了许许多多难度越来越大的复杂问题。要想解决它们，微、小、中、大型计算机都力不从心，巨型计算机成为不可替代的工具。这是因为巨型计算机的运算速度快、存储容量高。目前世界上的巨型计算机数量不多，仅美国、日本、中国、俄罗斯、英国、法国和德国等几个国家拥有巨型计算机。中国巨型计算机的研制工作开始于1978年3月，由国防科学技术大学承担这一艰巨的任务。1983年，中国第一台每秒亿次运算速度的巨型计算机——银河-Ⅰ型巨型计算机诞生（图1-7），使中国进入世界上拥有巨型计算机的国家的行列。

中国第一台巨型计算机

图1-7 中国第一台巨型计算机

1993年，国防科学技术大学与国家气象中心一起研制成功了每秒运算10亿次的银河-Ⅱ型巨型计算机，使中国成为当今世界上少数几个能发布中期数值预报的国家之一。

现在，银河-Ⅲ型巨型计算机也已研制成功，它采用了可扩展多处理机并行体系结构，每秒运算速度为130亿次，使中国成为世界上少数几个能研制和生产大规模并行计算机系统的国家。

1.3.1 计算机的发展简史

从第一台电子计算机诞生至今已有70多年的历史，随着计算机技术特别是计算机网络技术的不断发展，互联网的普及和应用，计算机技术已经逐步渗入人们的日常生活、工作、学习中，如智能手机、博客、微博、QQ、网络游戏、电子商务……计算机对人们的思维产生了深远的影响。

1. 第一台计算机的诞生

1946年2月，由美国宾夕法尼亚大学研制的电子积分计算机（Electronic Numerical Integrator and Computer，ENIAC）标志着第一代电子计算机的诞生。它采用电子管作为计算机的基本元件，由18000多个电子管、1500多个继电器、10000多个电容器和7000多个电阻构成，占地170㎡，质量30t，每小时耗电30万kW，是一个庞然大物，每秒能进行5000次加法运算。由于它使用电子器件来代替机械齿轮或电动机械进行运算，并且能在运算过程中不断进行判断，做出选择，因此过去需要100多名工程师花费1年才能解决的计算问题，它只需要2小时就能给出答案。

2. 中国计算机的发展

（1）第一代电子管计算机研制（1957—1964年）

我国从1957年开始研制通用数字电子管计算机，1958年8月1日该机可以表演短程序运行，标志着我国第一台电子管计算机诞生。为纪念这个日子，该机定名为八一型数字电子计算机。该机在738厂开始小量生产，改名为103机（即DJS-1型，见图1-8），共生产38台。

1958年5月，我国开始了第一台大型通用电子管计算机——104机（图1-9）的研制，以苏联当时正在研制的БЭСМ-II计算机为蓝本，中科院计算所、四机部、七机部和部队的科研人员与738厂密切配合，于1959年国庆节前完成了研制任务。

图 1-8　103 机

图 1-9　104 机

在研制 104 机的同时,夏培肃院士领导的科研小组首次自行设计且于 1960 年 4 月研制成功一台小型通用电子管计算机——107 机(图 1-10)。

1964 年,我国第一台自行设计的大型通用数字电子管计算机——119 机(图 1-11)研制成功,平均浮点运算速度每秒 5 万次,参加 119 机研制的科研人员约有 250 人,共十几个单位参与协作。

图 1-10　107 机

图 1-11　119 机

（2）第二代晶体管计算机研制（1965—1972 年）

我国在研制第一代电子管计算机的同时，开始研制晶体管计算机，1965 年研制成功的第一台大型晶体管计算机 109 乙机（图 1-12），实际上从 1958 年起就由计算所开始酝酿启动。在国外禁运条件下造晶体管计算机，必须先建立一个生产晶体管的半导体厂（109 厂）。经过两年的努力，109 厂就提供了机器所需的全部晶体管（109 乙机共用 2 万多个晶体管，3 万多个二极管）。对 109 乙机加以改进，两年后又推出 109 丙机，运行了 15 年，有效运算时间 10 万小时以上，在我国"两弹"试验中发挥了重要的作用，被誉为"功勋机"。

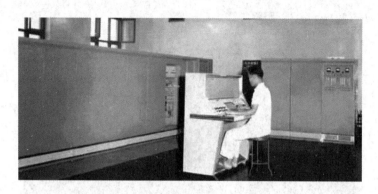

图 1-12　109 乙机

我国工业部门在第二代晶体管计算机研制与生产中发挥了重要作用。华北计算所先后研制成功 108 机、108 乙机（DJS-6）、121 机（DJS-21）和 320 机（DJS-6），并在 738 厂等五家工厂生产。哈军工于 1965 年 2 月成功推出了 441B 晶体管计算机并小批量生产了 40 多台。

（3）第三代中小规模集成电路的计算机研制（1973—1983 年）

1973 年，北京大学与北京有线电厂等单位合作研制成功运算速度每秒 100 万次的大型通用计算机，采用的就是中小规模集成电路。1980 年以后，我国高速计算机，特别是向量计算机有了新的发展。1983 年，中国科学院计算所完成我国第一台大型向量机——757 机（图 1-13）的研制，计算速度达到每秒 1000 万次。这一纪录同年就被国防科大研制的银河-I 巨型计算机打破。银河-I 巨型机（图 1-14）是我国高速计算机研制的一个重要里程碑。

图 1-13　757 机

图 1-14　银河-I 巨型机

（4）第四代超大规模集成电路的计算机研制（1983 年至今）

和国外一样，我国第四代计算机研制也是从微机开始的。1980 年，我国不少单位也开始采用 Z80、X86 和 6502 芯片研制微机。1983 年 12 月，电子部六所研制成功与 IBM PC 兼容的 DJS-0520 微机。多年来，我国微机产业走过了一段不平凡的道路，现在以联想微机为代表的国产微机已占领一大半国内市场。

1.3.2　计算机的特点

计算机具有超强的记忆能力、高速的处理能力、超高的计算精度和可靠的判断能力。人们所进行的复杂的脑力劳动，如果可以分解成计算机可以执行的基本操作，以计算机可以识别的形式表示出来，并存放到计算机中，计算机就可以模仿人的一部分思维活动，代替人的部分脑力劳动，按照人的意愿自动地工作，所以有人也把计算机称为电脑，以强调计算机在功能上和人脑有许多相似之处。例如，人脑的记忆功能、计算功能、判断功能。计算机终究不是人脑，不可能完全代替人脑；但是说计算机不能模拟人脑的功能也是不对的，尽管计算机在很多方面远远比不上人脑，但它超越了人脑的许多性能，主要体现在以下几个方面。

1. 运算速度快

现在的 PC（Personal Computer）每秒钟可以处理几十亿条指令，巨型计算机的运算速度则每秒达几百万亿次以上，使得过去烦琐的计算工作，现在在极短的时间内就能完成。

2. 计算精度高

计算机采用二进制进行运算，只要配置相关的硬件电路就可增加二进制数字的长度，从而提高计算精度。目前微型计算机的计算精度可以达到 64 位二进制数。

3. 具有记忆和逻辑判断功能

记忆功能是指计算机能存储大量信息，供用户随时检索和查询；既能记忆各类数据信息，又能记忆处理加工这些数据信息的程序。逻辑判断功能是指计算机除了能进行算术运算外，还能进行逻辑运算。

4. 既能自动运行又能支持人机交互

所谓自动运行，就是人们把需要计算机处理的问题编成程序，存入计算机中；当发出运行指令后，计算机便在该程序控制下依次逐条执行，无须人工干预。人机交互则是在人们想要干预计算机时，采用问答的形式，有针对性地解决问题。

1.3.3 计算机的应用

计算机已广泛应用到生产制造、产品设计、办公业务、家庭生活、医疗保健、教育、科研、交通、通信、商业、娱乐、金融、气象、军事、勘测、大众传媒等各行各业中。计算机在信息社会的应用是全方位的，其作用已超出了科学层面、技术层面，达到社会文化层面。

计算机网络技术已得到广泛的应用，网络游戏、网上教学、网上书店、网上购物、网上订票、视频点播、网上电视直播、网上医院、网上证券交易、虚拟现实以及电子商务正逐渐走进普通百姓的生活、学习和工作中；IP电话、网络实时交谈和E-mail成为人们重要的通信手段。

归纳起来，计算机的应用主要有下面几方面。

1. 科学计算

早期的计算机主要用于科学计算。目前，科学计算仍然是计算机应用的一个重要领域，如高能物理、工程设计、地震预测、气象预报、航天技术等。由于计算机具有高运算速度、精度以及逻辑判断能力，因此出现了计算力学、计算物理、计算化学、生物控制论等新的学科。

2. 数据处理

数据处理是指对各种数据进行收集、存储、整理、分类、统计、加工、利用、传播等一系列活动的统称。据统计，80%以上的计算机主要用于数据处理，这类工作决定了计算机应用的主导方向。

目前，数据处理已广泛地应用于办公自动化、企事业计算机辅助管理与决策、情报检索、图书管理、影视动画设计、会计电算化等各行各业。信息正在形成独立的产业，多媒体技术使信息展现在人们面前的不仅是数字和文字，还有丰富多彩的声音和图像信息。

3. 过程控制

过程控制是利用计算机及时采集检测数据，按最优值迅速地对控制对象进行自动调节或自动控制。采用计算机进行过程控制，不仅可以大大提高控制的自动化水平，而且可以提高控制的及时性和准确性，从而改善劳动条件、提高产品质量及合格率。因此，计算机过程控制已在机械、冶金、石油、化工、纺织、水电、航天等部门得到广泛的应用。

4. 计算机辅助系统

① 计算机辅助设计（Computer Aided Design，CAD）是指利用计算机进行工程设计，以提高设计工作的自动化程度，节省人力和物力。目前，此技术已经在电路、机械、土木建筑、服装等设计中得到了广泛的应用。

② 计算机辅助制造（Computer Aided Manufaturing，CAM）是指利用计算机进行生产设备的管理、控制与操作，从而提高产品质量、降低生产成本、缩短生产周期，并且大大改善了制造人员的工作条件。

③ 计算机辅助测试（Computer Aided Testing，CAT）是指利用计算机进行复杂而大量的测试工作。

④ 计算机辅助教学（Computer Aided Instruction，CAI）是指利用计算机帮助教师讲课、帮助学生学习的自动化系统，使学生能够轻松自如地从中学到所需要的知识。

5. 人工智能

利用计算机对人进行智能模拟。它包括用计算机模仿人的感知能力、思维能力和行为能力等。目前，人工智能的研究已取得不少成果，有些已走向实用阶段。例如，医院的专家系统，具有一定思维能力的智能机器人等。

6. 网络应用

计算机技术与现代通信技术的结合构成了计算机网络。计算机网络的建立，不仅解决了一个单位、一个地区、一个国家中计算机与计算机之间的通信，各种软、硬件资源的共享，也大大促进了国际上的文字、图像、视频和声音等各类数据的传输与处理。

1.3.4 计算机中的数据表示与编码

信息的表示形式有两种形态，一种是人类可以识别和理解的信息形态；另一种是计算机能识别和理解的信息形态。用户使用计算机可以浏览网页、听歌曲、看电影、绘制图像，而网页、歌曲、电影、图像等在计算机中都是以二进制形式进行表示的，要使用计算机来处理声音、图像等信息，必须懂得数据的表示与编码。

1. 数据的表示与存储

在计算机中,无论是指令还是数值或非数值数据(文字、图像等)都是用二进制数来表示的,也就是用 0 和 1 来表示。

计算机采用二进制数的原因。

① 二进制数容易用物理器件实现。两个物理状态就可以分别代表 0 和 1。

② 二进制数具有良好的可靠性。因为只有两个物理状态,数据传输和运算过程中,不会因为干扰而发生错误。

③ 二进制运算法则简单。例如,在二进制加法中,只需要考虑三种情况。

④ 二进制中使用的 1 和 0,可分别用来代表逻辑运算中的"真"和"假",可以很方便地实现逻辑运算。

2. 信息的存储单位

信息的存储单位有位和字节。

位(bit)是计算机中存储信息的最小的数据单位。对应一个二进制位,可以是 1 或者是 0。

字节(byte)简写为 B,8 个二进制位构成一个字节(即 1 个字节由 8 个二进制数位组成)。字节是计算机中用来表示存储空间大小的基本容量单位。

计算机内存的存储容量,磁盘的存储容量等都是以字节为单位表示的。除用字节为单位表示存储容量外,还可以用千字节(kB)、兆字节(MB)及吉字节(GB)等表示存储容量。它们之间存在下列换算关系:

$1kB=1024B=2^{10}B$,$1MB=1024kB=2^{10}kB=2^{20}B$,$1GB=1024MB=2^{10}MB=2^{30}B$,$1TB=1024GB=2^{10}GB=2^{40}B$,$1PB=1024GB=2^{10}GB=2^{50}B$。

【注意】位与字节的区别:位是计算机中最小的数据单位,字节是计算机中基本的信息单位。

字(word)是数据单位,若干个字节组成一个字。它是 CPU 中一次操作或总线上一次传输的数据单位(和机器有关)。

字长(word size)是计算机的一个很重要的区别性特征,是一个字所包含的二进制位数。计算机中常用的字长有 8 位、16 位、32 位、64 位等。例如:字长是 64 位的计算机,一次操作总线上可以传送 64 个二进制位。

1.3.5 进位计数制

古代人计数采用结绳计数,这是一种计数的方式。现在人们常常采用十进制的形式进行计数,而计算机只能识别的是二进制形式。计算机存储时使用的是十六进制和八进制,十进制、二进制、八进制、十六进制都是采用进位的方式进行计数的。

数制的概念主要包括数制、进位计数制、基数和位权四个方面。

（1）数制

数制是用一组固定的数字和一套统一的规则来表示数目的方法。

（2）进位计数制

按照进位方式计数的数制叫进位计数制。十进制即逢十进一，生活中也常常遇到其他进制，如六十进制（每分钟60秒、每小时60分钟，即逢60进1）、十二进制、十六进制等。

（3）基数

基数是指该进制中允许选用的基本数码的个数。每一种进制都有固定数目的计数符号。十进制基数为10，10个记数符号，0、1、2、…、9。每个数码符号都根据它在这个数中所在的位置（数位），按逢十进一来决定其实际数值。

（4）位权

一个数码处在不同位置上所代表的值不同，如数字6在十位数位置上表示60，在百位数上表示600，而在小数点后1位表示0.6，可见每个数码所表示的数值都等于该数码乘以一个与数码所在位置相关的常数，这个常数叫作位权。

1.3.6 进制转换

在计算机内部，数据程序都用二进制表示和处理，用户的输入与计算机的输出都是用十进制表示，这就存在二、十进制间的转换工作，尽管转换过程是通过机器完成的，但我们应当懂得其中数制转换的原理。

1. 二进制数与十进制数间的转换

（1）二进制数转换成十进制数

转换方法：按权展开法。

例，将$(11.101)_2$转换成十进制数。

$(11.101)_2 = 1 \times 2^1 + 1 \times 2^0 + 1 \times 2^{-1} + 0 \times 2^{-2} + 1 \times 2^{-3} = 2+1+0.5+0+0.125 = (3.625)_{10}$。

（2）十进制数转换二进制数

转换方法：整数部分和小数部分分别遵守不同的转换规则。

整数部分：除以2倒取余法，即整数部分不断除以2取余数，直到商为0为止，最先得到的余数为最低位，最后得到的余数为最高位。

小数部分：乘2取整法，即小数部分不断乘以2取整数，直到小数为0或达到有效精度为止，最先得到的整数为最高位（最靠近小数点），最后得到的整数为最低位。

例,将$(35.25)_{10}$转换成二进制数。

整数部分:

【注意】第一次得到的余数是二进制数的最低位,最后一次得到的余数是二进制数的最高位。

小数部分:

```
        0.25
      ×    2
      ─────────
        0.50          0        高
      ×    2                   ↑
      ─────────                ↓
        1.00          1        低
```
取整数

【注意】一个十进制小数不一定能完全准确地转换成二进制小数,这时可以根据精度要求只转换到小数点后某一位即可。

将其整数部分和小数部分分别转换,然后组合起来得$(35.25)_{10}=(100011.01)_2$。

2. 二进制数与八进制数之间的转换

(1) 二进制数转换成八进制数

转换方法:三位并一位法。

例,将$(11101111.01111)_2$转换成八进制数。

```
 011   101   111  .  011   110
  ↓     ↓     ↓       ↓     ↓
  3     5     7   .   3     6
```

$(11101111.01111)_2=(357.36)_8$。

(2) 八进制数转换成二进制数

转换方法:一位分三位法。

例,将$(571.32)_8$转换成二进制数。

```
  5     7     1   .   3     2
  ↓     ↓     ↓       ↓     ↓
 101   111   001  .  011   010
```

$(571.32)_8=(101111001.01101)_2$。

1.3.7 字符编码

在计算机中不能直接存储英文字母或专用字符。如果想把一个字符存放到计算机内存中,就必须用二进制代码来表示。同时,这些字符编码涉及世界范围内的有关信息表示、交换、存储的基本问题,因此必须有一个标准。大多数计算机采用美国信息交换标准码(American Standard Code for Information Interchange,ASCII)作为字符编码,简称ASCII码。

1. 英文字符编码

ASCII码采用7位二进制编码,可以表示128个字符,包括10个阿拉伯数字0~9,52个大小写英文字母、32个标点符号和运算符及34个控制符。其中,0~9的ASCII码为48~57,A~Z为65~90,a~z为97~122。

ASCII码可以用7位(2^7=128)来表示,每个字母都由8位二进制组成,ASCII码只占7位,最高位为0或置为校验码。

2. 汉字编码

由于汉字具有特殊性,计算机处理汉字信息时,汉字的输入、存储、处理、输出及打印过程中所使用的汉字代码不同,有用于汉字输入的输入码,有用于机内存储和处理的机内码,有用于输出显示和打印的字模点阵码(字形码),即在汉字处理中需要经过汉字输入码、汉字机内码、汉字字形码的三码转换。

(1)汉字输入码(外码)

汉字输入码是为了利用现有的计算机键盘,将形态各异的汉字输入计算机而编制的代码。目前,我国推出的汉字输入编码方案很多,其表示形式大多用字母、数字或符号。编码方案大致可以分为三类:①以汉字发音进行编码的音码,如全拼码、简拼码、双拼码等;②按汉字书写的形式进行编码的形码,如五笔字型码;③音形结合的编码,如自然码。

(2)汉字交换码

汉字集要存放在计算机中,需要将经常使用的汉字存放在计算机中,《信息交换用汉字编码字符集·基本集》(GB 2312—80)是我国于1980年制定的国家标准,代号为国标码,是国家规定的用于汉字信息处理使用的代码的依据。

GB 2312—80中规定了信息交换用的6763个汉字(其中,一级3755个汉字,二级3008个汉字)和682个非汉字图形符号(包括几种外文字母、数字和符号)的代码,即共有7445个代码。

(3)汉字机内码

汉字的机内码是供计算机系统内部进行存储、加工处理、传输统一使用的代码,又称为汉字内部码或汉字内码。

【提示】:一个汉字在计算机中用2字节来表示。

（4）汉字字形码

汉字字形码是汉字字库中存储的汉字字形的数字化信息，用于汉字的显示和打印。目前，汉字字形的产生方式大多是以点阵方式形成汉字，因此汉字字形码主要是指汉字字形点阵的代码。

1.3.8 案例应用——ASCII 的应用

已知大写的英文字母 A 的十进制 ASCII 码值为 65，则大写英文字母 D 的十进制 ASCII 码值是____。

解决方案：字母 A 的 ASCII 码与 D 的 ASCII 码是依次增加的，所以字母 D 的 ASCII 码为字母"A"1000001（十进制为 65）再加上 011（十进制为 3）。

结果：68

1.4 计算机系统构成

引言

随着计算机的普及，使用计算机的人越来越多，很多人并不了解计算机的工作结构、计算机内部的硬件组成，以及连接计算机硬件的方法。本节将学习计算机的基本结构，并对微型计算机的各硬件组成，如主机及主机内部的硬件、显示器、键盘和鼠标等有基本的认识和了解，能将这些硬件连接在一起。

故事导读

认识"中国芯"

"中国芯"是指由中国自主研发并生产制造的计算机处理芯片。"中国芯"工程采用动态流水线结构，研发生产了一系列中国芯。通用芯片有龙芯系列、威盛系列、神威系列、飞腾系列、申威系列；嵌入式芯片有星光系列、北大众志系列、湖南中芯系列、万通系列、方舟系列、神州龙芯系列。

龙芯系列芯片包括龙芯 1 号、龙芯 2 号、龙芯 3 号。

龙芯 1 号：采用动态流水线结构，定点和浮点最高运算速度均超过每秒 2 亿次，与英特尔的奔腾Ⅱ芯片性能大致相当。

龙芯 2 号：由中科院计算所于 2004 年 6 月研发成功，实际性能与奔腾 4 水平相当，比龙芯 1 号性能提高 10～15 倍。

龙芯 3 号：2007 年问世，用来制造更高性能的新一代超级服务器——曙光系列，神州龙芯系列（图 1-15）是从 2002 年推出的 32 位、266MHz 版本改进而来的，针对的是嵌入系统。

图 1-15　神州龙芯系列

1.4.1　微型计算机系统

一个完整的微型计算机系统（图 1-16）包括硬件系统和软件系统，硬件系统就是我们看得见摸得着的各种物理装置，软件系统就是我们所说的程序和数据，硬件系统和软件系统二者缺一不可。

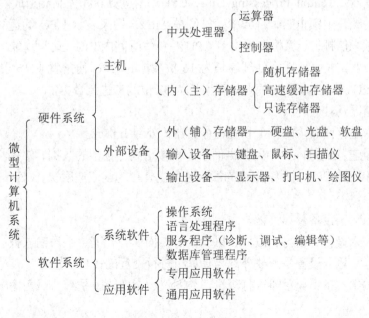

图 1-16　微型计算机系统

1. 硬件系统

（1）构成及功能

我们现在所使用的计算机大多是冯·诺依曼计算机体系结构，该体系结构计算机硬件设备可分为运算器、控制器、存储器、输入设备和输出设备。

运算器的主要功能是对二进制数进行算术运算和逻辑运算，运算器内设有算术运算部件和逻辑运算部件，可以进行各种数学计算和逻辑运算，也可以对图片进行运算处理。运算器能执行多少种操作及操作速度的快慢，标志着运算器能力的强弱，甚至标志着计算机本身的性能。

控制器是计算机的指挥中心，它的功能是从内存中提取指令，并对指令进行译码，产生相应的操作控制信号，用来控制和协调计算机各个部分协调有效地工作，以便使整个计算机按照指令执行过程一步一步地进行，是计算机的神经中枢。

存储器是计算机系统中的记忆设备，用来存放程序和数据。计算机中的全部信息，包括输入的原始数据、计算机程序、中间运行结果和最终运行结果都保存在存储器中。

输入设备向计算机输入数据和信息的设备，用于把原始数据和处理这些数据的程序输入到计算机中，是计算机与用户或其他设备通信的桥梁。输入设备是用户和计算机系统之间进行信息交换的主要装置之一。

输出设备是人与计算机交互的一种部件，用于数据的输出。它把各种计算结果数据或信息以数字、字符、图像、声音等形式表现出来。

（2）中央处理器及主要性能指标

中央处理器（Central Processing Unit，CPU）由运算器和控制器组成。CPU 主要的性能指标是主频，主频也叫时钟频率，单位是 MHz，用来表示 CPU 的运算速度。CPU 的主频=外频×倍频；计算机技术中对 CPU 在单位时间内（同一时间）能一次处理的二进制数的位数叫字长。所以能处理字长为 16 位数据的 CPU 通常就叫 16 位的 CPU。同理 32 位的 CPU 就能在单位时间内处理字长为 32 位的二进制数据。

（3）存储器及其分类

存储器由主存储器（内存）和辅助存储器（外存）构成。

CPU 只能直接访问内存中的数据而不能直接访问外存中的数据，外存中的数据必须先调入内存才能被 CPU 访问；内存的读取速度比外存的读取速度快；内存的存储容量比外存的存储容量小。

（4）输入输出设备及其具体构成

常用的输入设备：键盘、鼠标、摄像头、扫描仪、光笔、手写输入板、游戏杆、语音输入装置等，输入设备是人或外部与计算机进行交互的一种装置。

常用的输出设备：显示器、打印机、绘图仪、影像输出系统、语音输出系统等。

2. 软件系统

软件是用户与硬件之间的交流界面。用户主要是通过软件与计算机进行交流。

计算机的软件系统分为系统软件和应用软件。系统软件直接控制着计算机的硬件系统，为用户使用计算机提供接口，系统软件是应用软件和计算机硬件之间的桥梁。应用软件在计算机上运行必须借助于系统软件。

（1）系统软件

系统软件在为应用软件提供上述基本功能的同时，也进行着对硬件设备的管理，使在一台计算机上同时或先后运行的不同应用软件有条不紊地合用硬件设备。

系统软件可分为操作系统、数据库管理系统、语言处理程序、服务性程序，系统软件的核心是操作系统。

操作系统（Operating System，OS）是管理计算机硬件与软件资源的一个程序，同时也是用户与计算机之间的接口。操作系统管理计算机系统的全部资源，控制程序运行，改善人机界面，为其他应用软件提供支持等，使计算机系统所有资源最大限度地发挥作用，为用户提供方便、有效、友善的服务界面。

操作系统是一个庞大的管理控制程序，主要包括进程管理、作业管理、存储管理、设备管理和文件管理五个方面的管理功能。

（2）应用软件

应用软件是指为特定领域开发，并为特定目的服务的一类软件。它是根据该领域工程特点，利用支撑软件系统开发的、解决该领域特定问题的系统。例如，计算机辅助设计软件：平面设计软件（Photoshop、CorelDraw），三维设计软件（3ds MAX、Maya）。

1.4.2 案例应用——计算机的选购

因业务增加，公司的设计部想购买一台主要用来进行设计制作效果图的计算机，经理让小杨根据需要，写一份计算机配置清单。

要求：性价比高，满足制图设计需求。

解决方案：设计公司要使用 3D 软件做图形处理，所以显卡需要独立显卡，并且需要选购适合渲染图形用的高配显卡，为了保证计算机的整体性能，此计算机整体配置需选择高配置、高性能的硬件，主要体现在 CPU、内存、主板和显卡这几个部件。

结果：适合使用 3D 软件做图形处理的计算机配置清单（见表 1-2）。

表 1-2　计算机配置清单

序号	配件	品牌型号
1	CPU	intel i7-10700
2	主板	华硕 Z490M PLUS
3	内存	金士顿骇客神条 32G 3200 DDR4（双通道）
4	硬盘	西数 SN750 500G NVME M.2（固态硬盘） 希捷 2T 机械硬盘
5	显卡	技嘉 RTX2070 Super WF3 OC 8G
6	显示器	华硕 PA279Q
7	键盘鼠标	标准
8	机箱电源	标准

知识延展

Hadoop 大数据平台：Hadoop 是由毕业于美国斯坦福大学的 Doug Cutting 创建的，Hadoop 是基于开源的网络搜索引擎——Apache Nutch，是 Lucene 的项目，能够对大数据进行分布式处理的软件框架。经过十多年的快速发展，Hadoop B 具有了高可靠性、高扩展性、高效性、高容错性的优点。

本章总结

本章首先介绍了大数据技术的定义和发展，数据的计量单位，大数据处理的基本流程和大数据的典型应用案例；然后从计算机的诞生、发展和应用领域开始，详细讲述了不同进制之间的数值转换及二进制数的运算、不同信息类型在计算机中的表示方法；最后由浅入深地介绍了计算机系统的组成、功能及常用的外部设备。通过学习本章内容，读者可以熟悉大数据及其应用，同时从整体上了解计算机的基本功能和基本工作原理。

关键词

大数据、计算机的诞生、进制转换、计算机系统、计算机选购配置清单

本章习题

【判断题】

1. CAD 是计算机辅助教学上的应用。　　　　　　　　　　　　　　　（　　）
2. 运算器、控制器和寄存器属于 CPU。　　　　　　　　　　　　　　（　　）

3. 个人计算机属于小型计算机。 （　　）
4. 办公自动化是计算机的一项应用，按计算机应用的分类，它属于数据处理。
 （　　）

【填空题】

1. 大数据具备 Volume、Velocity、Variety 和_____四个特征。
2. 一个完整的计算机系统包括_____和_____。
3. 软件系统是由系统软件和_____组成，其中系统软件中最重要的是_____。
4. _____是计算机中存储信息的最小的数据单位。

【选择题】

1. 目前的计算机仍采用"程序存储"原理，提出该原理的是（　　）
   A. 美籍匈牙利人冯·诺依曼　　B. 美国人普雷斯伯·埃克特
   C. 美国人西蒙·克雷　　D. 美国宾夕法尼亚大学约翰·莫克斯
2. 在计算机存储器的术语中，一个"Byte"包含8个（　　）
   A. 字母　　B. 字长　　C. 字节　　D. 比特（位）
3. 十进制数$(66)_{10}$转换成二进制数为（　　）
   A. $(111101)_2$　　B. $(1000001)_2$
   C. $(1000010)_2$　　D. $(100010)_2$
4. （　　）属于一种系统软件，缺少它，计算机就无法工作。
   A. 汉字系统　　B. 操作系统
   C. 编译程序　　D. 文字处理系统

【简答题】

1. 简述计算机硬件系统的组成部分及各部件之间是如何协调工作的。
2. 简述计算机的发展阶段及各阶段有哪些特点。

【技能题】

1. 通信大数据行程卡应用：2020年，国内外疫情呈快速扩散态势，为防范境外疫情输入，社会各界对个人国内外14天内的行程查验需求急切。在此背景下，中国电信、中国移动、中国联通、中国信通院联合推出了升级版的通信大数据行程卡，无须填报信息就能查询用户自己前14天内国内停留4小时的城市与去过的国家，数据相对准确、使用便捷。这是大数据在通信方面的重要应用，请结合用户的实际，给出几种使用方式。

　　操作引导如下。

　　方式一：扫码下载行程卡 App，也可在各大应用商店搜索下载通信行程卡。

　　方式二：扫描网页二维码，进入 H5 网页查询。

　　方式三：扫描微信小程序二维码，进入小程序查询。

方式四：发送短信 CXMYD 到所属运营商（电信 10001/移动 10086/联通 10010）进行查询。

2. 汉字编码：16×16 点阵的汉字库，存储 1 个汉字占用多少字节，存储 100 个汉字占用多少字节。

操作引导如下。

在一个 16×16 的网格中用点描出一个汉字，如"啊"字（图 1-17），整个网格分为 16 行 16 列，每个小格用 1 位二进制编码表示，有点的用"1"表示，没有点的用"0"表示，这样，第一行需要 16 个二进制位，描述整个汉字的字型需要 16×16 个二进制位即需要 32 个字节的存储空间。

结果：16×16 点阵的汉字库，存储 1 个汉字占用 32 字节，存储 100 个汉字需要 3200 字节。

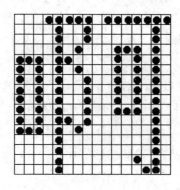

图 1-17 "啊"字的 16×16 点阵

推荐阅读

1. 维克托·迈克-舍恩伯格，肯尼思·库克耶. 大数据时代：生活、工作与思维的大变革[M]. 盛杨燕，周涛，译. 杭州：浙江人民出版社，2013.

2. 徐子沛. 数据之巅：大数据革命，历史、现实与未来[M]. 北京：中信出版社，2014.

第 2 章
Windows操作系统

【学习目标】

1. 了解操作系统的概念、功能、分类。
2. 了解手机操作系统和 Windows 操作系统的发展史。
3. 熟悉 Windows 10 的桌面、窗口组成。
4. 掌握启动与退出 Windows 10 的方法。

【建议学时】

8~10 学时。

【思维导图】

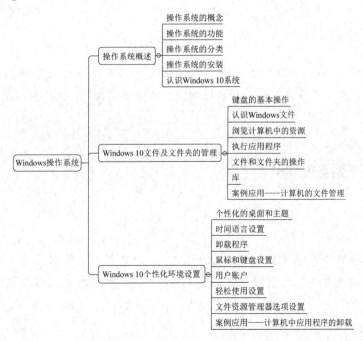

> **故事导读**

微软 VS 网景"浏览器大战"

1995 年,网景成功上市,市值达到 30 亿美元。当时,有人将网景比作"互联网领域的微软",风头胜过微软。比尔·盖茨曾认为未来的世界是 PC 的世界,但很快他发现自己错了,因为未来的世界是互联网的世界。于是微软开始反击,首先微软提出购买网景,被拒绝;接着微软又提出与网景合作,也被拒绝;接下来,比尔·盖茨通知所有工程师们立即停掉手里的工作,全力投入到 IE 浏览器[图 2-1(a)]的开发工作中来。通过短短的几个月,微软就推出 IE 2.0。为了跟网景竞争,微软将 IE 与 Windows 95 捆绑,免费提供给用户,而网景浏览器[图 2-1(b)]是收取 45 美元费用的。1998 年,IE 浏览器夺得超过 50%的份额,随后网景公司被美国在线收购,从此退出了历史舞台。

(a)IE 浏览器　　　　　　　　　　　　(b)网景浏览器

图 2-1　浏览器图标

这次事件被称为"浏览器大战",微软在整个过程中共付出了 20 亿美元的代价。"浏览器大战"可以说是微软最经典的战役。经过这次大战,微软成功拿到了通往互联网世界的决定性门票。

2.1 操作系统概述

引言

计算机操作系统是用户与计算机的接口,在计算机中,操作系统是最基本也是最重要的基础性系统软件,可以使计算机系统协调、高效和可靠地工作。本节我们将学习、了解计算机操作系统的概念、功能、种类,以及手机操作系统。

故事导读

鸿蒙是第二个安卓吗？NO，鸿蒙是生态！

华为鸿蒙系统（图 2-2）简称鸿蒙，是基于微内核的全场景分布式操作系统，可按需扩展，实现更广泛的系统应用，主要用于物联网，特点是低时延，可到毫秒级乃至亚毫秒级。

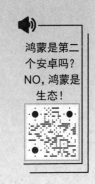

鸿蒙是第二个安卓吗？NO，鸿蒙是生态！

图 2-2　华为鸿蒙系统

鸿蒙实现模块化耦合，对应不同设备可弹性部署，鸿蒙有三层架构，第一层是内核，第二层是基础服务，第三层是程序框架。可用于手机、平板、PC、汽车等各种不同的设备上。

鸿蒙是第二个安卓吗？NO，鸿蒙是生态！华为对于鸿蒙的定位完全不同于安卓系统，它不仅是一个手机或某一设备的单一系统，还是一个可将所有设备串联在一起的通用性系统，就是多个不同设备（如手机、智慧屏、平板电脑、车载电脑等）都可使用鸿蒙，所以说，鸿蒙并不是第二个安卓，而是代表了万物互联的生态。可以设想一下，当鸿蒙全面搭载后，你所使用的每一个华为设备，都可以有效地联接在一起，而不再是一个个单独的个体。这会为我们带来多大的便捷性，这方面可以参考目前做得最优秀的 iOS，相信鸿蒙的未来会比 iOS 还要宽广。

一台计算机由硬件和软件两个部分组成。如果把一台计算机比作一个人的话，那么计算机的 CPU 和内存就类似于人的大脑，具备思考和记忆的能力；计算机软件就好比是人的思想和精神，决定了计算机能思考和记忆什么，也就决定了计算机能完成什么样的工作，最重要的计算机软件是操作系统。

2.1.1 操作系统的概念

操作系统是一个非常重要的计算机软件，当我们打开计算机用鼠标在屏幕上点来点去的时候，当我们打开浏览器浏览网页的时候，当我们玩着游戏、听着音乐的时候……在屏幕后面完成这一系列运行的就是操作系统。

操作系统是一种系统软件，用于管理计算机系统的硬件与软件资源，控制程序的运行，改善人机操作界面，为其他应用软件提供支持等，从而使计算机系统所有资源最大限度地发挥应用，并为用户提供方便、有效和友善的服务界面。操作系统是一个庞大的管理控制程序，它直接运行在计算机硬件上，是最基本的系统软件，也是计算机系统软件的核心，同时还是靠近计算机硬件系统的第一层软件（图 2-3）。

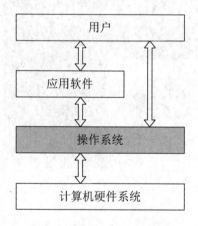

图 2-3 操作系统服务界面

2.1.2 操作系统的功能

为了防止计算机中运行的各种应用软件抢占硬件资源，避免各个应用程序携带同样的硬件驱动，在硬件和软件之间插入了一层特殊的软件，就是操作系统，它负责整个计算机系统的管理、调度、控制，同时还携带各种硬件的驱动程序。操作系统就像交通警察一样指挥着整个计算机的运行，操作系统的功能包括进程管理、存储管理、设备管理、文件管理、作业管理。

1. 进程管理

进程管理是对处理机进行管理。进程是一个动态的过程，是正在运行的程序，是系统进行资源调度和分配的独立单位。现代操作系统支持多任务处理，也就是说，能够对多个进程进行管理。

2. 存储管理

操作系统的存储管理负责将内存单元分配给需要内存的程序以便让它运行,在程序运行结束后再将程序占用的内存单元收回。

3. 设备管理

设备管理负责对接入本计算机系统的所有外部设备进行管理,主要功能有设备分配、设备驱动、缓冲管理、数据传输控制、中断控制、故障处理等。

一般情况下,采用缓冲、中断、通道和虚拟设备等技术尽可能地使外部设备和主机并行工作,以解决 CPU 的快速和外部设备的慢速之间的矛盾,使用户不必去考虑具体设备的物理特性和具体控制命令就能方便、灵活地使用这些设备。

4. 文件管理

文件管理支持文件的建立、存储、检索、调用和修改等操作,解决文件的共享、保密和保护等问题,并提供方便用户使用的界面,使用户能实现对文件的按名存取,而不必关心文件在磁盘上的存放细节。对文件的组织管理和操作都是由被称为文件系统的软件来完成的。文件系统由文件、管理文件的软件和相应的数据结构组成。文件系统是基于操作系统来实现的。

5. 作业管理

在操作系统中,完成一个独立任务的程序及其所需的数据组成一个作业。作业管理是对用户提交的诸多作业进行管理,包括作业的组织、控制和调度等,以尽可能高效地利用整个系统资源为目标。作业管理分为四种状态:①提交状态;②后备状态;③执行状态;④完成状态。

2.1.3 操作系统的分类

随着计算机硬件和计算机网络的迅猛发展,操作系统也产生了巨大的变化,根据不同的标准可以将操作系统分为不同的类型。

1. 按与用户交互的界面分类

(1)命令行界面操作系统

在命令行界面操作系统中,用户只能在命令提示符后(如 C:\>)输入命令才能操作计算机。其界面不友好,用户需要记忆各种命令,否则无法使用计算机,如 MS-DOS、Novell、Netware 等系统。

(2)图形界面操作系统

图形界面操作系统交互性好,用户不需要记忆命令,可根据界面的提示进行操作,简单易学,如 Windows 操作系统。

2. 按能够支持的用户数目分类

（1）单用户操作系统

单用户操作系统只允许一个用户使用操作系统，该用户独占计算机系统的全部软、硬件资源。目前，在微型计算机上使用的 MS-DOS、Windows 3.x 和 OS/2 等属于单用户操作系统。

（2）多用户操作系统

多用户操作系统是在一台主机上连接有若干台终端，能够支持多个用户同时通过这些终端机使用该主机进行工作。典型的多用户操作系统有 UNIX、Linux 和 VAX/VMS 等。

3. 按是否能够运行多个任务分类

（1）单任务操作系统

单任务操作系统的主要特点是系统每次只能执行一个程序。例如，DOS 操作系统执行打印任务时，计算机就不能再做其他工作了。

（2）多任务操作系统

多任务操作系统允许同时运行两个以上的程序。例如，打印时可以同时执行另一个程序，这类操作系统有 Windows NT、Windows XP/2000、Windows Vista/7、Windows 8/10、UNIX、Linux、Mac OS 等。

4. 按使用环境分类

（1）批处理操作系统

将若干作业按一定的顺序统一交给计算机系统，由计算机自动地按顺序完成这些作业，这样的操作系统称为批处理操作系统。批处理操作系统的主要特点是用户可以脱机使用计算机和成批处理作业，从而大大提高了系统资源的利用率和系统的吞吐量，如 MVX、DOS/VSE、AOS/V 等操作系统。

（2）分时操作系统

分时操作系统是一台主机带有若干台终端，CPU 按照预先分配给各个终端的时间片，轮流为各个终端服务，即各个用户分时共享计算机系统的资源，如 UNIX、XENIX、VAX/VMS 等操作系统。

（3）实时操作系统

实时操作系统是对来自外界的信息在规定的时间内即时响应并进行处理的系统。它的两大特点是响应的即时性和系统的高可靠性，如 iRMX、VRTX 等操作系统。

5. 按硬件结构分类

（1）网络操作系统

在操作系统内核提供网络服务，为用户提供网络互联和互操作功能的操作系统。如

Novell Netware、Window NT 等。

（2）分布式操作系统

部署在多台通过网络相连的计算机上的操作系统。统一管理计算机资源，为用户提供统一透明的资源访问界面。

（3）多媒体操作系统

多媒体操作系统是指除具有一般操作系统的功能外，还具有多媒体底层扩充模块，支持高层多媒体信息的采集、编辑、播放和传输等处理功能的系统。Windows 95 以后的操作系统都属于多媒体操作系统。

6. 按设备可移动性分类

非移动设备操作系统如 Windows，大家都非常熟悉了。下面主要讲可移动的操作系统。

（1）Android

Android 是一种基于 Linux 的自由及开放源代码的操作系统。这是谷歌公司收购了原开发商 Android 后，联合多家制造商推出的面向平板电脑、移动设备、智能手机的操作系统。

（2）iOS

iOS 是苹果公司为其生产的 iPhone 智能手机开发的操作系统。苹果公司最早在 2007 年 1 月 9 日的 Macworld 大会上公布了这个操作系统。

原本这个操作系统名为 iPhone OS，因为 iPad、iPhone、iPod touch 都使用 iPhone OS，所以 2010 年 WWDC 上宣布改名为 iOS。

（3）Windows Mobile

Windows Mobile 是微软公司开发的适用于移动设备的操作系统。此处的移动设备主要指智能手机，也叫袖珍 PC，即 PPC。该操作系统的设计初衷是尽量接近于桌面版本的 Windows——按照计算机操作系统的模式来设计 Windows Mobile，以便使 Windows Mobile 同计算机操作系统一模一样，在继任者 Windows Phone 操作系统出现后，Windows Mobile 正式退出了手机系统市场。

（4）华为鸿蒙系统

2019 年 8 月 9 日，华为正式发布操作系统鸿蒙。鸿蒙是面向未来的操作系统，基于微内核的面向全场景的分布式操作系统，现已适配智慧屏智能、手机、平板电脑、智能汽车、可穿戴设备等多种终端设备。

2020 年 9 月 10 日，华为鸿蒙系统升级为华为鸿蒙系统 2.0。2020 年 12 月份面向开发者提供鸿蒙 2.0 的 Beta 版本。

2.1.4 操作系统的安装

新组装的计算机如果没装任何软件，就像一个没有思维的人，什么工作都不能做。对于新组装的计算机首先必须安装的软件就是操作系统，不同版本的操作系统对计算机硬件有不同的要求。

1. Windows 10 操作系统的运行环境

处理器：主频 1 GHz 32-bit 或 64-bit。
系统内存：1 GB。
硬盘分区：16 GB。
显卡：支持 DirectX 9.0 的显卡，支持 128 MB 显存。
光驱：DVD-R/W（可有可无）。

2. Windows 10 操作系统安装方法

Windows 10 操作系统的安装可以通过多种方法来实现，但目前应用较为普遍的是通过 U 盘安装。除此之外，常用的安装方法还有光盘重装、硬盘安装、一键还原等。

3. Windows操作系统安装步骤

Windows 10 操作系统的安装需要设置计算机的安装环境，选择安装在哪个磁盘下，整体的安装过程较为复杂，可以概括为以下五步：①设置 BIOS 启动项；②选择系统安装分区；③选择文件系统格式及复制文件；④系统安装及设置；⑤安装主板驱动及其他设备的驱动程序。

2.1.5 认识 Windows 10 系统

开启计算机主机和显示器的电源开关，Windows 10 系统将载入内存，接着对计算机的主板和内存等进行检测，启动完成后将进入 Windows 10 系统欢迎界面。若只有一个用户且没有设置用户密码，则直接进入系统桌面。桌面由桌面背景、图标、任务栏、【开始】菜单、语言栏和通知区域等组成，在 Windows 中安装的多数应用程序的快捷方式都会在开始菜单中出现，通过【开始】菜单可以完成程序的启动、计算机设置等操作。

1. 认识【开始】菜单

（1）【开始】菜单组成

鼠标左键单击（以下简称单击）桌面任务栏左下角的【开始】按钮，即可打开【开始】菜单（图2-4），计算机中几乎所有的应用都可在【开始】菜单中启动。

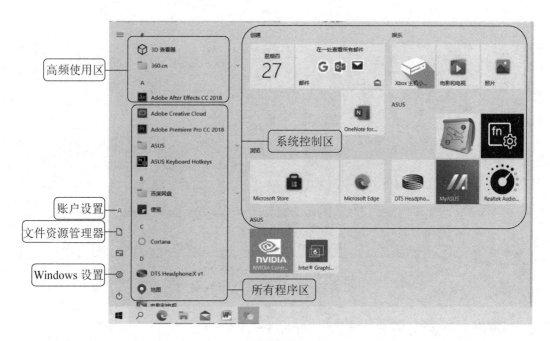

图 2-4 【开始】菜单组成

（2）利用【开始】菜单启动程序

单击【开始】按钮，打开【开始】菜单，此时可以先在【开始】菜单左侧的高频使用区查看是否有需要打开的程序选项，如果有则单击该程序选项从而启动程序。

2. 认识Windows 10窗口

Windows 10 是多任务、图形界面、窗口式的操作系统，鼠标左键双击（以下简称双击）某个程序图标，即可打开对应的窗口，通过窗口可以实现对该程序的所有操作。窗口是 Windows 系统里最常见的图形界面，其外形为一个矩形的屏幕显示框用，来区分各个程序的工作区域。用户可以在窗口中进行文件、文件夹及程序的操作和修改。Windows 10 窗口加入了许多新模式，大大提高了窗口操作的便捷性。

双击桌面上的【此电脑】图标，将打开【此电脑】窗口。窗口的工作区中包含了硬盘、光盘、打印机、控制面板等图标。

说明：当双击硬盘图标后，在窗口中会显示该对象所包含的文件和文件夹。

（1）Windows 10 窗口构成（图 2-5）

①标题栏（控制菜单图标、最小化、最大化、还原、关闭按钮）。鼠标左键拖动标题栏——移动窗口；双击标题栏——最大化或还原窗口。②功能区（可以完成该软件的所

有功能）。③搜索栏。④导航窗格。⑤窗口工作区。⑥状态栏。

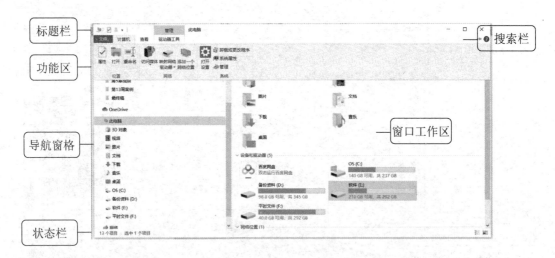

图 2-5　Windows 10 窗口构成

说明：当前窗口标题栏为深蓝色，任何时候只有一个。

（2）Windows 10 窗口基本操作

- 最大化、还原或最小化窗口。

注意：最小化窗口所代表的程序处于后台运行状态。

- 移动和调整窗口大小。
- 切换窗口。
- 关闭窗口。

2.2　Windows 10 文件及文件夹的管理

引言

程序和数据在计算机中都是以文件的形式存储在外存储器，本节学习在 Windows 10 中进行文件和文件夹的基本管理操作，学会了文件和文件夹的基本操作后，用户还可以对文件和文件夹进行各种设置，以便更好地管理文件和文件夹，这些设置包括改变文件和文件夹的外观设置、文件夹的只读属性和隐藏属性等。

第 2 章
Windows 操作系统

▶ **故事导读** ◀

扫雷和接龙：不只是游戏？

Windows 操作系统是在 MS-DOS 之后发展出的图形化操作系统，随着新版本的不断推出，已经成为世界上最主要的计算机操作系统。在 Windows 发展历史中，从 Windows 1.0 到现在的 Windows 10，这个操作系统的每个部分都有着值得回顾的故事，包括产品设计缘由、系统发展策略，以及相当具有特色的商品广告等。

扫雷和接龙（图 2-6）：不只是游戏？

（a）扫雷　　　　　　　　　　（b）接龙

图 2-6　Windows 扫雷和接龙游戏

作为 Windows 上知名的两款游戏，在设计之初并不仅仅是提供用户打发时间的工具。当时 Microsoft 推出这两款游戏的目的是要通过游戏的方式，让用户更快熟悉鼠标的操作方式，也就是"拖动"和"点击"的操作。

这两款游戏一直内嵌在 Windows 中，伴随着用户成长。虽然在 Windows 8 推出时将其删除，不过到 Windows 10 推出后，再次将这两款游戏找回来了！用户可以在 Windows 10 商店中寻找"Microsoft Solitaire Collection"来安装。

通过工具按钮或菜单，配合鼠标、键盘操作，在资源管理器中就可完成文件或文件夹的所有管理功能。鼠标和键盘是最常用的输入设备，无论是操作系统还是应用程序，都离不开鼠标和键盘的操作。

2.2.1　键盘的基本操作

将计算机键盘分为四个区域（图 2-7），分别是功能键盘区、主键盘区、编辑键盘区和数字键盘区。计算机的键盘上有一些按键单独操作不能实现任何功能，只有跟其他按键组合才能够实现一定的功能，这些按键称作控制键。

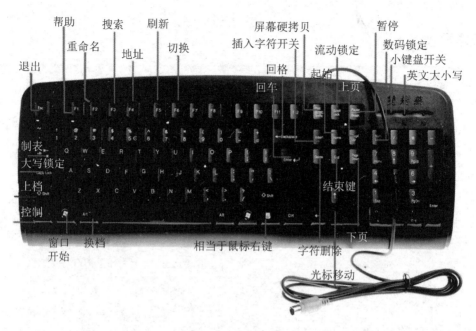

图 2-7 键盘的构成

1. 常用的键盘按键功能（表2-1）

表 2-1 常用的键盘功能键

功能键	功能
Ctrl	控制键
Shift	上档键
Alt	换挡键
Tab	制表键
Caps Lock	大写锁定键
Esc	退出键
Space	空格键
Backspace	回格键
Win	Win徽标键（窗口开始键）

2. 常用的键盘组合键（表2-2）

表 2-2 常用的键盘组合键

组合键	功能
Ctrl+C	复制
Ctrl+X	剪切

续表

组合键	功能
Ctrl+V	粘贴
Ctrl+Z	撤销
Ctrl+Y	恢复
Ctrl+A	全选
Ctrl+.	中英文标点切换
Ctrl+Space	中英文切换
Ctrl+Shift	输入法切换
Shift+ Space	全半角切换
Alt+Tab	在打开的窗口间切换，显示图标
Alt + Esc	在打开的窗口间顺序循环切换
Win+Tab	以3D形式进行窗口切换
Alt+F4	关闭当前程序
Shift+Delete	彻底删除，不经过回收站直接删除

3. Win键功能大全

（1）Win+字母键（表2-3）

表2-3　Win+字母键

Win+字母键	功能
Win+D	显示桌面，第二次键击恢复桌面
Win+E	打开资源管理器
Win+F	打开"文件搜索"窗口
Win+ P	演示设置
Win + R	打开运行对话框
Win + I	快速打开Windows10设置栏
Win+L	锁住计算机或切换用户
Win+M	最小化所有窗口

（2）Win + 方向键（表2-4）

表2-4　Win + 方向键

Win+方向键	功能
Win+ ↑	最大化窗口
Win+ ↓	向下还原窗口，最小化窗口

续表

Win+方向键	功能
Win + ←	最大化窗口到左侧的屏幕上
Win + →	最大化窗口到右侧的屏幕上
Win+ Shift +↑	垂直拉伸窗口,宽度不变
Win+ Shift +↓	垂直缩小窗口,宽度不变
Win+Shift + ←	将活动窗口移至左侧显示器
Win+Shift + →	将活动窗口移至右侧显示器

(3) Win + 功能键(表 2-5)

表 2-5 Win + 功能键

Win+功能键	功能
Win	调出【开始】菜单
Win+ Tab	切换任务

2.2.2　认识 Windows 文件

在 Windows 10 中,程序和数据都是以文件的形式存放在计算机的外存储器中,文件、文件夹都是按名进行管理和读取的。

1. 文件名的组成

在 Windows 10 操作系统中,文件名由"基本名"和"扩展名"构成,它们之间用英文圆点"."隔开。基本名用来表明文件的名字,是由用户根据文件内容或随意命名的,可以改变;扩展名用来注册文件的类型,是系统根据文件类型给出的,一般不做修改。

2. 文件命名规则

对文件命名有以下规则。

① 文件名称长度最多可达 255 个字符,1 个汉字相当于 2 个字符。

② 文件名中不能出现如下字符:斜线(/、\)、竖线(|)、小于号(<)、大于号(>)、冒号(:)、引号("")、问号(?)和星号(*)。

③ 文件命名不区分大小写字母,如"abc.txt"和"ABC.txt"是同一个文件名。

④ 同一个文件夹下的文件名称不能相同。

3. 文件类型与文件扩展名

在 Windows 10 操作系统中,默认情况下,文件扩展名都是隐藏的,Windows 10 操作系统中,设置查看文件的扩展名的操作步骤如下。

第 2 章
Windows 操作系统

步骤 1：打开文件夹窗口，单击【查看】菜单，从弹出的功能选项区选择【选项】。

步骤 2：在【文件夹选项】对话框中，单击【查看】选项卡，再从【高级设置】下拉列表框中选中【隐藏文件和文件夹】组中的【显示隐藏的文件、文件夹和驱动器】单选按钮（图 2-8）。

步骤 3：设置完成后，单击【确定】按钮，此时就可以看见所有文件的扩展名了。

2.2.3 浏览计算机中的资源

在 Windows 10 中管理计算机资源时，随时都可以查看文件和文件夹。一般浏览计算机中的文件和文件夹可以通过此电脑和文件资源管理器窗口。

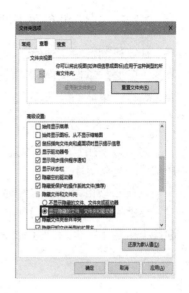

图 2-8 【文件夹选项】对话框

1. 打开【文件资源管理器】窗口

打开【文件资源管理器】窗口有两种方法。

方法 1：右键单击（以下简称右击）【开始】按钮，在弹出的菜单中选择【文件资源管理器】选项。

方法 2：使用 Win+E 组合键。

2. 文件的查看方式

在 Windows 10 窗口中查看文件的方式有八种方式，分别为：超大图标、大图标、中等图标、小图标、列表、详细信息、平铺、内容。

调整查看方式的步骤如下。

步骤 1：打开【此电脑】窗口（或打开【文件资源管理器】窗口）。

步骤 2：单击【查看】选项卡，在【布局】功能区，根据需要选择不同的查看方式。

2.2.4 执行应用程序

在 Windows 中应用程序有 Windows 自带的应用程序（如记事本）、用户安装的应用程序（Office 办公软件），运行这些应用程序的方法有以下四种。

① 对于 Windows 自带的应用程序，可单击【开始】菜单，再选择相应的菜单项来执行应用程序。

② 在【此电脑】中找到要执行的应用程序文件，可双击（也可以选中应用程序之后按 Enter 键；还可单击【文件】菜单，然后选择【打开】命令）。

③ 双击应用程序对应的快捷方式图标。

④ 在任务栏的搜索框中输入相应的命令，系统会显示本机中已搜索到的应用程序，之后用户根据需要选择程序运行即可。

2.2.5 文件和文件夹的操作

计算机的资源有硬件资源和软件资源,要想在 Windows 10 操作系统中管理好计算机资源,就必须掌握文件和文件夹的基本操作。这些基本操作包括新建、选择、复制、移动、删除、重命名文件和文件夹等。

1. 新建文件夹

为了方便用户快速找到想要使用的文件,通常将同一类型的文件放置在同一个由用户创建的文件夹中。

如在 d:根目录下创建名为 user 的文件夹的步骤如下。

步骤 1:在【此电脑】窗口中打开 d:盘;步骤 2:空白处右击,从弹出的快捷菜单中,选择【新建】|【文件夹】命令(图 2-9);步骤 3:在名称框中输入 user 并按 Enter 键。

图 2-9 【新建文件夹】菜单

2. 文件的选择操作

① 选定单个文件/文件夹。单击要选择的文件/文件夹图标。

② 选定多个连续文件/文件夹。先选定第 1 个文件/文件夹,再按住 Shift 键,单击最后一个文件/文件夹。

③ 选定多个不连续文件/文件夹。按住 Ctrl 键,逐个单击要选择的文件/文件夹图标。

④ 选定全部文件/文件夹。方法 1:选择【编辑】|【全部选定】命令;方法 2:按 Ctrl+A 组合键。

3. 复制文件

复制文件的方法如下。

方法 1:选择要复制的文件/文件夹,按住 Ctrl 键和鼠标左键拖动到目标位置。

注：若目标位置和原位置不是同一磁盘，直接拖动。

方法 2：选择要复制的文件/文件夹，按住鼠标右键拖动到目标位置，在弹出的快捷菜单中选择【复制到当前位置】命令。

方法 3：使用剪贴板。

4. 移动文件

移动文件的方法如下。

方法 1：选择要移动的文件/文件夹，按住 Shift 键和鼠标左键拖动到目标位置。

【注意】若目标位置和原位置是同一磁盘，直接按住鼠标左键拖动到目标位置。

方法 2：选择要移动的文件/文件夹，按住鼠标右键拖动到目标位置，在弹出的快捷菜单中选择【移动到当前位置】命令。

方法 3：使用剪贴板。

【说明】复制/剪切/粘贴的方法有以下四种。

方法 1：【编辑】|【复制/剪切/粘贴】。

方法 2：右击快捷菜单|【复制/剪切/粘贴】。

方法 3：Ctrl+C/X/V。

方法 4：工具栏中的【复制/剪切/粘贴】按钮。

5. 文件的删除

对于计算机中不想要的文件或文件夹可以执行删除操作，删除可分为逻辑删除和彻底删除。

（1）逻辑删除

逻辑删除有以下六种方法。

方法 1：选中要删除的文件或文件夹，按鼠标右键，在弹出的菜单中单击【删除】，在删除确认对话框中选择【是】。

方法 2：选中要删除的文件或文件夹，选择【文件】中的【删除】命令，在删除确认对话框中选择【是】。

方法 3：选中要删除的文件或文件夹，按键盘上的 Delete 键，在删除确认对话框中选择【是】。

方法 4：选中要删除的文件或文件夹，选择工具栏【删除】按钮，在删除确认对话框中选择【是】。

方法 5：将要删除的文件或文件夹按住鼠标左键拖动到回收站。

方法 6：将要删除的文件或文件夹按住鼠标右键拖动到回收站。

（2）彻底删除

彻底删除的方法有以下两种。

方法 1：先逻辑删除，再打开【回收站】，删除相应的文件/文件夹。

方法 2：选择要删除的文件/文件夹，按 Shift+逻辑删除。
注：快捷键 Shift+Delete。

6. 文件的重命名

文件重命名的方法有以下四种。
方法 1：【文件】|【重命名】。
方法 2：右击要重命名的文件|【重命名】。
方法 3：单击文件名。
方法 4：按键盘上的 F2 键。

7. 修改文件的属性

修改文件属性的方法有以下两种。
方法 1：【文件】|【属性】。
方法 2：右击文件或文件夹|【属性】，在出现的【属性】对话框（图 2-10）【常规】选项卡中设置。

图 2-10 【属性】设置对话框

2.2.6 库

　　库与文件夹不同的是，库可以收集存储在任意位置的文件。库实际上并没有真实存储数据，它只是采用索引文件的管理方式，监视其包含项目的文件夹，并允许用户以不同的方式访问和排列这些项目。库中的文件都会随着原始文件的变化而自动更新，并可以同名的形式存在于文件库中。

　　若想在库中不显示某些文件，不能直接在库中将其删除，因为这样会删除计算机中的原文件。正确的做法是调整库所包含的文件夹的内容，调整后，库显示的信息会自动更新。

2.2.7 案例应用——计算机的文件管理

小赵是一名大学毕业生，应聘上了一份办公室行政的工作。领导给小赵一个 U 盘，让小赵将 U 盘中的"合同.Docx"文件拷到电脑 D:盘中并将文件名改为"装修合同"进行备份，请你帮小赵完成此操作。

解决方案： 此操作需两步，第一步将 U 盘中的"合同.Docx"文件复制到电脑的 D:盘中，第二步对 D:盘中的文件进行重命名。

具体步骤如下。

步骤 1：打开 U 盘所在盘；步骤 2：选定"合同.Docx"；步骤 3：按 Ctrl+C 组合键；步骤 4：打开 D:盘；步骤 5：按 Ctrl+V 组合键；步骤 6：选定 D:盘中"合同.Docx"；步骤 7：右击选重命名；步骤 8：在文件名框中输入"装修合同"。

注意： 在改名时，不要改文件扩展名。

2.3 Windows 10 个性化环境设置

📝 引言

Windows 10 系统的性能越来越好，使用者也越来越多，不同的用户可以设置不同的界面，本节学习在 Windows 10 中设置桌面背景、主题颜色。

▶ 故事导读 ◀

Windows经典桌面背后的故事

Bliss 是 Windows 最经典的桌面背景图（图 2-11），已经有 10 亿台电脑使用过它了，这张图片是谁拍摄的，拍摄地点在哪里，现在是什么样？

Windows XP 的默认桌面壁纸 Bliss 是查尔斯·奥里尔拍摄的，查尔斯·奥里尔于 1996 年在 121 高速公路开车行驶的时候，他发现了锁诺玛县这一美丽的风景，然后就通过车窗拍下了这张著名的照片。查尔斯·奥里尔把这些照片上传到一个由比尔·盖茨创建的图片授权网站时，那些令人印象深刻的绿色和纯蓝色完全没有被编辑过。几年后，他接到微软打来的电话，询问他是否能把锁诺玛县的照片作为其最新操作系统

Windows 经典桌面背后的故事

的默认背景,查尔斯·奥里尔同意向微软出售他的照片。尽管他签署了一份保密协议,不允许他透露确切的价格,但是查尔斯·奥里尔宣称这是他有史以来收到的照片付款中最高的,微软非常看重这张照片,以至于没有一家航运公司能够承保这一运送险。最后,查尔斯·奥里尔坐上了一架飞往西雅图的飞机,在微软总部亲自送上了这张照片。

图 2-11　Windows 经典桌面——Bliss

Windows 10 是一个崇尚个性化的操作系统,它不仅提供各种精美的桌面壁纸,还提供更多的外观选择,不同的桌面背景和灵活的声音方案,让用户随心所欲地设计属于自己的个性化桌面。

2.3.1　个性化的桌面和主题

我们在使用手机时都喜欢给自己的手机桌面设置一个好看的主题,计算机也是一样。大家知道计算机应该怎么去调整桌面的颜色吗?在不同系统中的设置也是有不同的方法的,下面以 Windows 10 为例介绍相关设置操作。

1. 桌面背景的设置

Windows 10 系统设置可谓非常强大,它就像是我们手机中的设置一样,通过设置中的【个性化】对桌面背景进行设置,操作如下。

步骤 1:右击桌面空白处,在快捷菜单中选择【个性化】选项,进入【个性化】设置界面;步骤 2:在个性化界面中选择【背景】选项,设置桌面背景的形式:纯色、图片、幻灯片放映;步骤 3:在【背景】设置界面(图 2-12)中单击【浏览】按钮;步骤 4:在文件资源管理器,选择要设置为背景的图片。

图 2-12 桌面背景的设置界面

2. 颜色的设置

在 Windows 10 操作系统中，用户能够个性化地设置系统的窗口颜色，包括【开始】菜单、【任务栏】窗口等。用户可以随意设置窗口、菜单及任务栏的外观、颜色，还可以调整颜色浓度与透明效果，非常直观、方便。

颜色设置的操作步骤如下。

步骤 1：右击桌面空白处，在快捷菜单中选择【个性化】选项，进入个性化设置界面；步骤 2：在个性化界面中选择【颜色】选项；步骤 3：在【颜色】设置界面中选择【Windows 颜色】选项（图 2-13）。

3. 锁屏界面的设置

为了防止荧光屏因长时间显示固定的画面而损坏其内部感光涂层，同时为了在用户离开计算机时，防止他人窥视计算机中正在操作的内容，Windows 10 系统设置了锁屏界面，对屏幕进行保护。

锁屏界面设置的操作步骤如下。

步骤 1：右击桌面空白处，在快捷菜单中选择【个性化】选项，进入个性化设置界面；步骤 2：在个性化界面中选择【锁屏界面】选项；步骤 3：在锁屏界面的设置界面（图 2-14）中，设置桌面背景的形式，设置锁屏图片等。

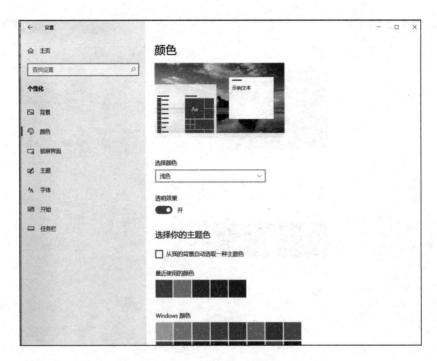

图 2-13 颜色的设置界面

图 2-14 锁屏界面的设置界面

4. 屏幕保护程序的设置

当较长时间对计算机没有任何操作时，计算机会启动屏幕保护程序。计算机屏幕保护程序的设置，对显示器有保护作用，其操作步骤如下。

步骤 1：右击桌面空白处，在快捷菜单中选择【个性化】选项，进入个性化设置界面；步骤 2：在个性化界面中选择【锁屏界面】选项；步骤 3：在锁屏界面设置界面中，选择【屏幕保护程序设置】选项；步骤 4：进入【屏幕保护程序设置】对话框（图2-15），根据需要设置屏幕保护程序，单击【确定】按钮。

图 2-15　屏幕保护程序设置

5. Windows 10 主题的设置

用户可以根据需要设置某个主题，更改主题的桌面背景、窗口颜色、声音和屏幕保护程序，其操作步骤如下。

步骤 1：右击桌面空白处，在快捷菜单中选择【个性化】选项，进入个性化设置界面；步骤 2：在个性化界面中选择【主题】选项；步骤 3：在主题设置界面中，设置某个主题，更改主题的桌面背景、窗口颜色、声音等。

6. 字体

Windows 10 提供了几十种字体，但是中文字体很有限。当我们需要更多字体的时候，可以从网上下载，然后在 Windows 10 中安装。其操作步骤如下。

步骤1：右击桌面空白处，在快捷菜单里选择【个性化】选项；步骤2：在个性化设置窗口（图2-16），选择【字体】选项；步骤3：在右侧窗口，单击在 Microsoft Store 中获取更多字体；步骤4：选择自己需要的字体，然后单击【下载】按钮。

注：可以从其他网站上下载字体，然后拖动到添加字体的位置。

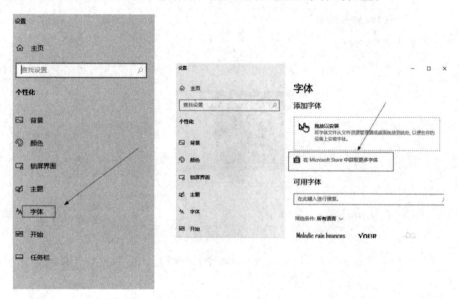

图 2-16　添加字体的窗口

7.【开始】菜单的设置

【开始】菜单分为三个窗格（图2-17），左侧窗格显示【当前用户名】，以及【文档】【图片】和【设置】等常用操作按钮，中间窗格显示经常使用的用户程序，右侧窗格主要包含生活动态、播放、浏览及主要应用的方块图形。根据使用习惯的不同可以对【开始】菜单进行设置，其操作步骤如下。

步骤1：右击桌面空白处，在快捷菜单中选择【个性化】选项，进入个性化设置界面；步骤2：在个性化界面中选择【开始】选项；步骤3：在开始设置界面中，设置【哪些文件夹显示在开始菜单上】|【使用全屏开始屏幕】等。

8. 任务栏的设置

任务栏是指位于桌面最下方的小长条，主要由【开始】菜单（屏幕）、应用程序区、语言选项带（可解锁）、托盘区和显示桌面组成，用户可根据需要对任务栏进行具体设置。

图 2-17 【开始】菜单窗格

任务栏设置的操作步骤如下。

步骤 1：在【任务栏】空白处右击，在快捷菜单中选择【任务栏设置】选项，进入任务栏设置界面；步骤 2：在【任务栏】设置界面（图 2-18）中设置任务栏是否锁定，设置任务栏图标在屏幕中位置，设置自动隐藏任务栏等。

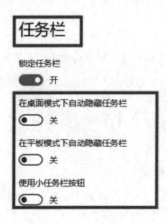

图 2-18 【任务栏】设置界面

2.3.2 时间语言设置

有时因误操作将计算机的时间和日期修改了，可能会影响正常的使用，可以通过操作来重新设置正确的时间。

时间语言设置的操作步骤如下。

步骤1：右击【开始】按钮，在快捷菜单中选择【设置】选项；步骤2：在【Windows设置】界面中选择【时间和语言】选项；步骤3：在【时间和语言】设置界面（图2-19）中，设置系统的日期、时间、语言及默认输入法、时区等。

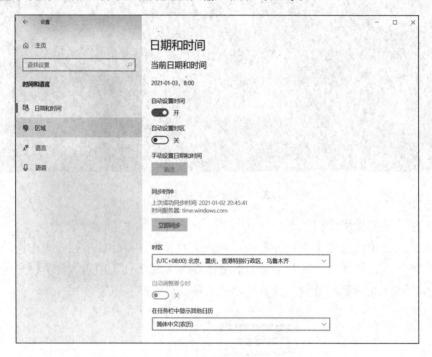

图2-19 【时间和语言】设置界面

2.3.3 卸载程序

应用程序安装后，如果用户不再使用该应用程序了，就需要将其卸载，以节省磁盘空间资源。通过【应用和功能】中的【卸载程序】工具卸载/更改操作，操作步骤如下。

步骤1：右击【开始】按钮，在快捷菜单中选择【设置】选项；步骤2：在Windows设置界面中选择【应用】选项；步骤3：选择【应用和功能】选项（图2-20），选择要卸载的程序，单击【卸载】按钮。

图 2-20 【应用和功能】设置界面

2.3.4 鼠标和键盘设置

鼠标和键盘是最常用的输入设备。无论是操作系统还是应用程序，都离不开鼠标和键盘的操作。在安装 Windows 10 操作系统时，系统会自动对鼠标和键盘进行检测并进行默认设置。用户可以根据自己的需要，合理设置个性化鼠标和键盘，方便自己的使用，提高工作效率。

1. 鼠标的设置

鼠标设置的操作步骤如下。

步骤 1：右击【开始】按钮，在快捷菜单中选择【设置】选项；步骤 2：在 Windows 设置界面（图 2-21）中选择【设备】选项；步骤 3：单击【鼠标】选项，进入鼠标设置界面。

2. 键盘的设置

键盘设置的操作步骤如下。

步骤 1：右击【开始】按钮，在快捷菜单中选择【设置】选项；步骤 2：在 Windows 设置界面中选择【设备】选项；步骤 3：单击【输入】选项，进入输入设置界面；步骤 4：在输入设置界面中选择【高级键盘设置】选项；步骤 5：在【高级键盘设置】界面（图 2-22）中完成【键盘】的设置。

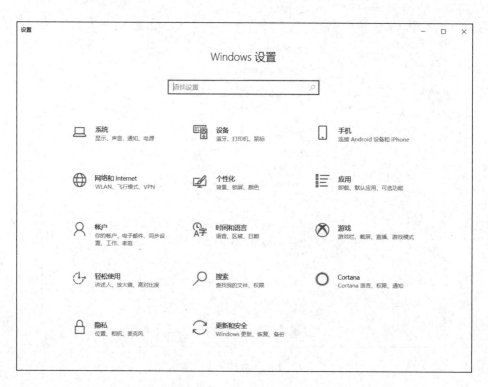

图 2-21 【Windows】设置界面

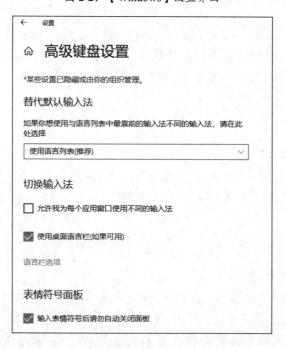

图 2-22 【高级键盘设置】界面

2.3.5 用户账户

Windows 10 支持多用户管理,它可以为每位用户创建一个账户,并为每位用户配置独立的用户文件,从而使得每位用户登录计算机时,都可以进行个性化的环境设置。

1. 用户账户的类型

(1)管理员账户

对计算机有最高控制权,可对计算机进行任何操作。

(2)标准账户

日常使用的基本账户,可运行应用程序,能对系统进行常规设置。需要注意的是,这些设置只对当前标准账户生效,计算机和其他账户不受该账户设置的影响。

(3)Guest 账户

用于他人暂时使用计算机时登录的账户,可用 Guest 账户直接登录到系统,不需要输入密码,其权限比标准账户更低,无法对系统进行任何设置。

(4)Microsoft 账户

使用 Microsoft 账户登录计算机进行的任何个性化设置都会漫游到用户的其他设备或计算机端口。

用户账户设置的操作步骤如下。

步骤1:右击【开始】按钮,在快捷菜单中选择【设置】选项;步骤2:在 Windows 设置界面中选择【账户】选项;步骤3:在 Microsoft 账户设置界面(图 2-23)中完成 Microsoft 账户的设置。

图 2-23 【Microsoft 账户】设置界面

2.3.6 轻松使用设置

随着一次次的 Windows 更新，微软一直在逐步改进系统的访问便利性。Windows 10 版本通过"轻松使用设置中心"给用户提供易于访问的辅助功能，稍微调整辅助功能设置即可愉快地使用自己的计算机。

轻松使用设置的操作方法如下。

步骤 1：右击【开始】按钮，在快捷菜单中选择【设置】选项；步骤 2：在 Windows 设置界面中选择【轻松使用】选项；步骤 3：在轻松使用界面（图 2-24）中设置相关选项。

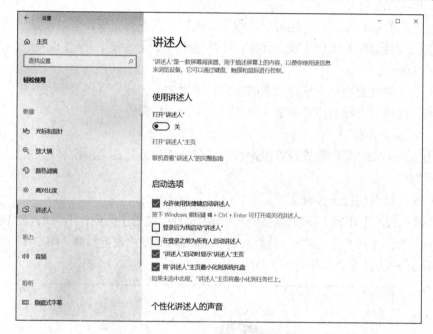

图 2-24 【轻松使用】设置界面

轻松使用设置的相关选项如下。
- 放大镜：放大您的计算机显示屏，显示更大的屏幕局部。
- 高对比度：对于那些更容易阅读的黑色和白色的文字，而不是彩色的文字。
- 键盘：提供了屏幕上的键盘选项、黏滞键和更多。
- 鼠标：可以用于改变指针的大小和颜色。
- 隐藏式字幕：在 Windows 10 中的新功能，调整字体设置和背景。

2.3.7 文件资源管理器选项设置

当把文件、文件夹、驱动器设置为隐藏属性后，需要再查看时，需要设置"查看隐藏的文件、文件夹、驱动器"，这个操作可以通过【文件资源管理器】选项来实现。

操作步骤如下。

步骤 1：右击【开始】按钮，在弹出的菜单中选择【文件资源管理器】选项（图 2-25）；步骤 2：在打开的窗口中单击左上角的【文件】选项；步骤 3：在弹出的菜单中选择【更改文件夹和搜索选项】选项（图 2-26）；步骤 4：打开 Windows 10 的【文件夹选项】对话框【查看】选项中设置【显示隐藏的文件、文件夹和驱动器】。

图 2-25 【文件资源管理器】选项

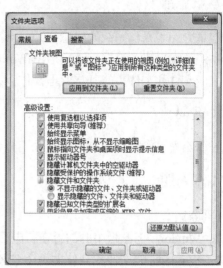

图 2-26 【文件夹选项】对话框

2.3.8 案例应用——计算机中应用程序的卸载

小赵在下载软件的过程中，无意间误安装了一款名为"我的世界"的小游戏，请你帮小赵将此游戏从计算机中卸载。

解决方案： 要完成文件的卸载操作不能直接删除，需要到【设置】中通过【应用和功能】选项进行卸载。

操作步骤如下。

步骤 1：右击【开始】按钮，在快捷菜单中选择【设置】选项；步骤 2：在 Windows 设置界面中选择【应用】选项；步骤 3：选择【应用和功能】选项，选择要卸载的程序"我的世界"，单击【卸载】按钮。

知识延展

国产操作系统： 由于操作系统关系到国家的信息安全，中国、俄罗斯、德国等国家已经在政府部门的计算机中，推行采用本国的操作系统。我国也在继续加大力度，支持国产操作系统的研发和应用。国产操作系统多是以 Linux 为基础二次开发的操作系统。某些国产 Linux 操作系统无论布局还是操作方式上都与 Windows 系统所差无几（存在差距的主要原因也是因为设备厂商没有对 Linux 操作系统提供很好的支持）。在价格方面，绝大多数国产操作系统都是免费的。

本章总结

本章介绍了操作系统的概念、功能、分类、安装方法，以及手机操作系统和 Windows 操作系统的发展史，掌握启动与退出 Windows 10 的方法，并熟悉 Windows 10 的桌面组成，完成文件和文件夹的基本管理操作，并对 Windows 10 的环境进行设置。

关键词

操作系统、Windows 10、窗口和【开始】菜单、文件和文件夹、设置。

本章习题

【判断题】

1. Windows 剪贴板中的内容在断电后仍存在。　　　　　　　　　　　　　（　　）
2. Windows 的文件或文件夹的命名区分大小写。　　　　　　　　　　　　（　　）
3. 在 Windows 中，用户可以安装新的输入法，也可以删除已有输入法。（　　）
4. 在 Windows 菜单中某个选项的颜色为浅灰色，表示选项当前不可用。（　　）

【填空题】

1. 在 Windows 中安装中文输入法后，使用_____组合键来启动或关闭中文输入法。
2. 在 Windows 中，对已有文件进行任何操作之前，应先_____。
3. 在 Windows 的"资源管理器"中，要选择连续 4 个文件，先单击第 1 个文件，再按住_____键单击第 4 个文件。
4. Windows 的回收站是_____中的一块空间。

【选择题】

1. 在 Windows 中要关闭正在运行的程序窗口，可以按（　　）。
   A. Alt+Ctrl 键　　　　　　　　　B. Alt+F3 键
   C. Ctrl+F4 键　　　　　　　　　D. Alt+F4 键
2. 在 Windows 资源管理器中，删除 U 盘中文件的操作是将文件（　　）。
   A. 放入回收站　　　　　　　　　B. 暂时保存到硬盘中
   C. 从 U 盘中清除　　　　　　　　D. 改名后保存在 U 盘中

3. 在 Windows 资源管理器中，若选中了 C:盘上的一个文件，并用鼠标左键将其拖动到 D:盘中，其结果是（　　）。

  A. 将该文件从 C:盘移动到 D:盘　　B. 将该文件从 C:盘复制到 D:盘
  C.【显示】中进行设置　　　　　　D.【字体】中进行设置

4. 在 Windows10 中，要修改日期时间应该在【Windows 设置】选择（　　）。

  A.【时间和语言】选项中进行设置　　B.【区域设置】选项中进行设置
  C.【显示】选项中进行设置　　　　　D.【外观和个性化】选项中进行设置

【简答题】

1. 简述操作系统的定义及功能。
2. 简述 Windows 10 操作系统的安装环境及安装方法。

【技能题】

1. Microsoft 账户管理：注册一个名称为"xiaozhao"的 Microsoft 账户，然后登录该账户。

  操作引导：Windows 账户的操作属于系统设置，可以选择开始中的【设置】选项来实现。

2. 任务栏设置：将常用的 Excel 2016 程序固定到任务栏中。

  操作引导：Excel 2016 程序固定到任务栏是任务栏的设置操作，可通过任务栏中的【开始】菜单来具体实现。

3. 系统日期和时间设置：修改系统日期和时间为"2020 年 1 月 1 日"，将"星期一"设置为一周的第一天。

  操作引导：修改系统日期和时间以及时间的格式是 Windows 设置中【时间和语言】的设置操作。

推荐阅读

1. 任成鑫. Windows 10 中文版操作系统从入门到精通[M]. 北京：中国青年出版社，2016.

2. 文杰书院. 电脑入门基础教程：Windows 10+Office 2016 版：微课版[M]. 北京：清华大学出版社，2020.

3. Randal E. Bryant，David O'Hallaron. 深入理解计算机系统[M]. 龚奕利，雷迎春，译. 北京：中国电力出版社，2004.

第 3 章
Word 2010 文字处理软件

【学习目标】

1. 认识 Word，掌握 Word 文档基本操作和文本编辑方法。
2. 熟悉表格创建和编辑。
3. 掌握插入图形、SmartArt 示意图、图片、艺术字、公式等方法。
4. 掌握图文排版、长文档编辑与管理方法。

【建议学时】

8~12 学时。

【思维导图】

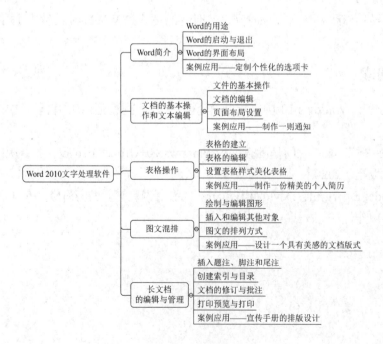

第 3 章
Word 2010 文字处理软件

3.1 Word 简介

📝 引言

Office 包含 Word、Excel、PowerPoint、Access 和 Outlook 等组件，窗口界面美观大方、赏心悦目，功能设计完善。本节主要介绍 Word 2010 的用途、启动和退出的方法以及窗口界面的布局；通过实际案例，讲解定制个性化 Word 操作环境的方法，从而提高工作效率。

▶ 故事导读 ▶

仓颉造字

仓颉造字

文字是人类文明的根基，正如《说文解字》中说道："盖文字者，经艺之本，王政之始……"对中国的传统文化来说，文字不仅是一个记载工具，更是传承中华文明和传统的载体。在中华民族光灿夺目的历史画卷里，仓颉（图 3-1）是一位介于神话与传说之间的人物，被尊奉为"文祖仓颉"，"始作书契，以代结绳"讲述的便是仓颉造字的故事。

相传，仓颉有双瞳（四个眼睛），天生睿智，是黄帝的左史官，主要负责管理牛羊、粮米之类的物资。黄帝万人之上，仓库中的物资自然也极多，这些物资收入、支出、往来的数目非常大。仓颉苦于记不住这么多的数字，为了能方便记忆，他想过很多方法，可是效果都不理想。仓颉终日苦思冥想，毫无头绪。

一日，天降大雪，仓颉上山打猎，见漫山遍野皆是银装素裹的景象，林中忽然蹿出两只山鸡出来觅食，所经过之地都留下了一串状似竹叶的印迹，紧接着又有一只小鹿在雪地上跋涉，留下的脚印也极为清晰。他反复比对山鸡与小鹿的脚印，发现两者形状各异、各具特色，仓颉随即灵感涌现，用山鸡留下的脚印代表山鸡，用小鹿留下的脚印代表小鹿，这世界上任何东西都有其形状，只要将其描绘下来，就可以作为字了。从这以后，仓颉仰观日月星辰、俯察鸟兽山川，照其形象创文字，创造人、手、日、月、星、牛、羊、马、鸡、犬等一系列的象形文字。

图 3-1　仓颉

3.1.1　Word 的用途

Word 是微软公司的一个文字处理器应用程序,是 Office 的主要程序之一,帮助用户根据不同需求建立多种类型文档,实现灵活多样的图文混合编排。

Word 的功能有:文字编辑功能、表格处理功能、文件管理功能、版面设计功能、制作 Web 页面功能、拼写和语法检查功能、打印功能等。

3.1.2　Word 的启动与退出

Word 提供了许多易于使用的文档创建工具,帮助用户节省时间,同时也提供了丰富的功能来创建复杂的文档。Word 2010 中,新增加了【文件】选项,像一个控制面板。文件选项卡界面分为三栏,左侧是功能选项,中间是功能选项卡,右侧是测试预览窗格。Word 的启动与退出的主要方法如下。

1. 启动 Word 2010

Windows 的应用程序均以窗口的形式运行,用户可以通过如下方式启动 Word 2010。

① 单击桌面上【开始】键,执行【所有程序】|【Microsoft Office】|【Microsoft Word 2010】命令。

② 在【资源管理器】或【此电脑】窗口中双击 Word 程序文件，或选择【开始】|【运行】命令，在运行对话框中输入 Winword.exe，单击【确定】按钮。

③ 在【资源管理器】或【此电脑】窗口中双击某个扩展名为.doc 的文件，系统会快速启动 Word 并打开指定的.doc 文档。

2. 退出Word 2010

在完成了文档的编辑、排版之后，需要正确地关闭 Word。Word 2010 关闭或退出的方法有以下几种。

① 选择【文件】|【退出】命令。
② 单击 Word 窗口右上角的【关闭】按钮。
③ 双击 Word 窗口左上角的【控制菜单】按钮。

用以上方式进行退出时，只要对一个文档进行了编辑、修改又没有在退出前进行保存，系统就会自动弹出一个提示对话框，询问是否保存修改后的文档，如图 3-2 所示。单击【保存】按钮，则先将所修改的文档保存并退出 Word；单击【不保存】按钮，则放弃此次对文档进行的修改并退出 Word；若单击对话框中的【取消】按钮，则重新返回到 Word 的工作界面，继续对文档进行编辑。

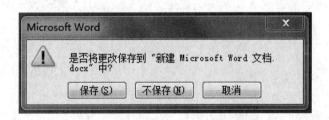

图 3-2　关闭 Word 询问对话框

3.1.3　Word 的界面布局

启动 Word 之后，会自动开启一个新文档。Microsoft Office 应用程序的界面具有相同的风格，由于可以设置多种窗口外观，所以打开的窗口并不完全相同，但基本结构是相同的。此外，方便文档的阅读和编辑，Word 还提供五种常用的视图。

1. Word的工作界面

Word 的工作界面主要包括以下几个部分：标题栏、【文件】选项卡、功能区、标尺、编辑区、滚动条、状态栏等。

（1）标题栏

标题栏是位于窗口最上方的一栏，标题栏中显示了应用程序名、当前正在编辑的文档名及一些控制按钮。

①【控制菜单】按钮：单击标题栏左上方的控制菜单按钮将弹出 Word 控制菜单，使用该菜单中的命令可改变窗口的大小、位置和关闭 Word。

②【最大化】|【还原】按钮：单击该按钮，可使 Word 窗口充满整个显示屏幕或还原为正常窗口。

③【最小化】按钮：单击此按钮，可使 Word 窗口缩小成为任务栏中的一个图标。

④【关闭】按钮：单击此按钮，可以退出 Word 系统。

⑤【自定义快速访问工具栏】按钮：位于窗口左上角的快速访问工具列，方便执行常用存储、重复等动作。

（2）【文件】按钮

单击该按钮，可显示文件的新建、保存、打印等命令，可以说是 Word 文件的"总管"。

（3）功能区

Word2010 以功能区取代了早期版本的菜单栏和工具栏，单击功能区上的选项卡名称或者标签，可以打开对应的选项卡。每个选项卡包含任务类别相同的命令按钮。

（4）标尺

标尺的功能在于缩进段落、调整页边距、改变栏宽、设置制表位等。标尺分为水平标尺和垂直标尺。默认情况下，水平标尺显示在【视图】选项栏下方。在【视图】|【显示】命令中将【标尺】选项勾选，可显示水平标尺和垂直标尺。若取消勾选，则隐藏水平标尺和垂直标尺。

（5）编辑区

水平标尺下方的空白区域是编辑区，编辑区是用户输入、显示、编辑文件的地方。

（6）状态栏

状态栏位于窗口的最下方，显示出正在编辑的文档的总页数、当前所在的页数、字数统计、语言状态、插入点所在的位置等信息，存储、打印时则显示屏幕存储及打印的进度。此外，在状态栏的右侧则是显示比例工具，除了显示目前文件的显示比例外，也可以视情况调整至想要的比例。

2. Word 2010 的文档视图

Word 2010 中有五种文档视图：页面视图、阅读版式视图、Web 版式视图、大纲视图和草稿，其作用各不相同。可以通过【视图】|【文档视图】（图 3-3）或状态栏中的【视图】按钮来切换五种视图模式。

图 3-3 文档视图切换组

（1）页面视图

页面视图是 Word 默认视图，是编辑文档时最常用的视图。在此视图下用户可以进行页眉、页脚编辑及图文混排等操作，显示的文档页面与打印输出的完全相同。

（2）阅读视图

阅读视图方便用户阅读和简单编辑文档。主要模拟书本阅读的方式，让用户翻阅，让相连的两页显示在一个版面上，并可自由调节页面显示比例、列宽和布局、导航搜索等。

（3）Web 版式视图

Web 版式视图模式下，文档显示与在浏览器中的显示完全一致。超链接被显示为带下划线文本，页码和章节号等信息不显示。

（4）大纲视图

大纲视图便于用户创建大纲、检查文档的结构等，并便于用户通过移动、复制等方法重新组织正文。

（5）草稿

草稿下不显示文档四周空白边、页眉、页脚等信息，页与页之间是一条虚线。主要为了便于输入、编辑文字及文字格式，在处理图形对象时却有一定的局限性。

一般来说，在 Word 的窗口编辑区周围有标尺与滚动条，有时也可以隐藏。利用窗口界面中的工具菜单命令，还可以隐藏图形、段落标记、状态栏等。另外，随着计算机配置的提高，普通用户对草稿视图的需求逐渐减弱，偶尔调整脚注、尾注时会用到此视图模式。

3.1.4 案例应用——定制个性化的选项卡

小明是一家建筑公司的投标文员，最近公司参与一项工程的投标。于是，公司把编写、制作工程投标文件的任务交给了小明，并明确了制作要求：①由于任务紧急，要以最短的时间完成；②使用 Word 制作；③文档格式符合行业投标文件标准。小明使用 Word 时发现选项卡中命令非常多，于是他想设置一个常用工具的选项卡，以提高自己的工作效率，该怎么做呢？

定制个性化的选项卡

解决方案：认识 Word 和 Word 的功能区的目的是提高工作效率。所以，可以运用自定义功能区命令，根据实际需求定制个性化的操作环境，方便自己快速找到所需命令，从而减少工作时间。

操作步骤如下。

步骤 1：启动 Microsoft Word 2010。

步骤 2：工具栏空白处右击，选择【自定义功能区】选项（图 3-4）。

图 3-4　自定义功能区

步骤 3：在弹出的选项对话框中，单击右侧主选项卡中的【视图】|【新建选项卡】，如图 3-5 所示。

图 3-5　【Word 选项】对话框 1

步骤4：单击【重命名】选项，命名为【我的选项卡】，单击【确定】按钮。

步骤5：单击【新建组】选项，选择【重命名】。选中"![A]"，并命名组为【文字组】，如图3-6所示。

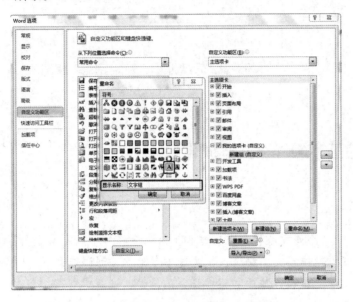

图3-6 【Word选项】对话框2

步骤6：选中【文字组】，将左侧命令中的【字体】【字体颜色】【左对齐】分别添加到【文字组】下，单击【确定】按钮，如图3-7所示。

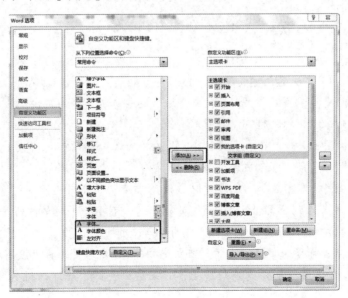

图3-7 【Word选项】对话框3

步骤 7：菜单栏中显示定制的选项卡，如图 3-8 所示；如需删除，在自定义选项卡中，找到【我的选项卡】，右击后选择【删除】即可。

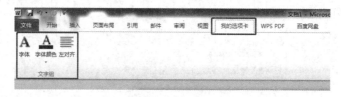

图 3-8　定制选项卡

3.2　文档的基本操作和文本编辑

引言

Word 是常用的文字处理软件，在工作和生活中会经常用到。本节主要学习 Word 文档的制作方法、基本操作和文本编辑，并通过一个操作案例详细讲解新建 Word 文档后，在新文档中输入文字、编辑、排版和格式设置的方法，让版式规范、美观、清晰！

故事导读

微软的考勤智慧

微软的考勤智慧

位于西雅图的微软公司研发中心，拥有 40 多名全球顶级的 IT 精英。这些精英每年为微软创造大量的财富，公司也为他们提供十分优厚的福利待遇。为了激发员工的创造力，微软公司给予这些员工充分的自由。在这里工作，兴致来了，你随时可以打篮球、健身、游泳、喝咖啡。公司只有一条规定：按时上下班，哪怕是喝咖啡，你也要坐在公司里喝。可是，员工们自由散漫惯了，总是迟到，部门经理为此伤透了脑筋。

有一天，比尔·盖茨在草坪上散步时，无意中看到了公司的停车场。50 个车位上停了四十几辆车。看到这里，比尔·盖茨灵光一闪，有了一个绝妙的好主意。

第二天，比尔·盖茨让部门经理将公司的停车位卖掉了 10 个，只剩下 40 个停车位。

一个星期后，奇怪的事情发生了。研发中心的 40 多名员工再也没有迟到的。因为一旦迟到就意味着要把车停到马路边上。如果迟到更晚，就连附近的马路边也没处停车了。

3.2.1 文件的基本操作

要想在 Word 中进行文档操作,首先应创建或打开一个文档,然后编辑,最后保存。我们知道,【文件】选项卡包含了文件的建立、保存、打印、传送等命令。在打开的文档中单击【文件】下拉列表中的【新建】|【空白文档】,可以创建新文档。

1. 文件的新建

(1) 空白新文件的新建

在 Word 中进行文字处理工作,首先应创建一个新文档或打开一个已有文档,然后进行输入、编辑和排版,最后将文档保存起来。启动 Word 时,会自动创建一个名为"文档1"的空白文档。

(2) 新建模板文件

除了空白文件之外,Word 还提供了多个模板供我们使用。例如,会议议程、证书奖状、小册子、名片、日历等,选中所需要的模板,就能快速创建一个文件。

2. 文档的输入

(1) 移动插入点

编辑区总会出现一个不停闪动的短直线——文字插入点(简称"插入点")。编辑文档过程中,通常需要先确定插入点的位置,移动插入点的方法主要有以下三种。

方法一:移动鼠标。如文件已有内容,将鼠标在指定位置单击,插入点即出现在该处;如放置在文档的空白区域,可在需放置插入点的位置双击鼠标左键,设置插入点。

方法二:按方向键。使用键盘上的←、→键可以左右移动插入点,利用↑、↓可将插入点移动到上一行或者下一行。

方法三:按快捷键。常用的移动插入点快捷键见表3-1。

表 3-1 常用的移动插入点快捷键

插入点位置	快捷键
行首	Home
行尾	End
工作区显示内容开头	Alt+Ctrl+PgUp
工作区显示内容结尾	Alt+Ctrl+PgDn
文件开头	Ctrl+Home
文件结尾	Ctrl+End

（2）文档中的行与段落

输入文字时，输入超过一行的文字，Word 会根据文档页面宽度来自动换行；本段内容输入完毕，每按一次 Enter 键都将形成一个段落，并产生一个"↵"符号，是一个段落结束的标志；有时一个段落需要跨越多行，则可在需要换行的地方按 Shift+Enter 组合键，使得文档中的后续文本另起一行，但不分段，仍与上一行保持在同一段落中。

3. 文件的打开

打开文件是指 Word 将指定的文档从外存读到内存，显示在 Word 窗口中。打开文件的方法为：选择【文件】|【打开】，在对话框中，通过文档存储路径、文件类型、文件名等信息找到文件，双击文件名或单击【打开】按钮。

4. 文件的保存

（1）另存为

对于未命名的文档，Word 以预设的文档1、文档2等来命名，第一次进行保存时，会弹出【另存为】对话框，用来为新文档命名。另外，对打开的文档以新的文件名、新的类型或位置保存时，也可以执行【文件】|【另存为】进行保存。

（2）保存

单击工具栏上的【保存】按钮，或选择【文件】|【保存】命令（快捷键为 Ctrl+S），Word 将按原文件名进行保存。

注意：从 Word 2007 版本开始，Word 的文件格式已更新为.docx，该格式增强了对.xml 的支持性和数据管理效率，并减小文档占用的内存。

5. 多文件间的切换

Word 可以同时打开多个文档，每个 Word 文档都会显示在任务栏上，同时在【视图】|【切换窗口】的下拉菜单中也会显示所有文档的文件名。文件间的切换有以下几种方法。

方法一：打开【视图】|【切换窗口】的下拉菜单如图3-9所示，选择所需的文件名。

图3-9 切换视图窗口界面

方法二：单击电脑桌面任务栏上相应的按钮。

方法三：按快捷键 Ctrl+F6 或 Alt+Esc 在文档之间切换，或者按快捷键 Alt+Tab，当切换到所需文档时释放两个按键。

注意：如果需要对照多份文件资料，可以执行【视图】|【并排查看】（图3-10），将两个文档并排查看。

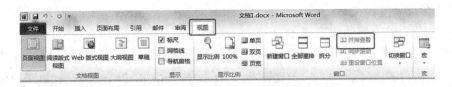

图 3-10　并排查看弹出界面

对文本基本的操作中，达到同样的效果通常会有多种操作方法，但需注意操作的方法与技巧。例如，输入文本时，尽量不要使用空格键来对齐文本，应使用 Word 中的制表符、缩进、段落对齐或其他格式化选项对齐正文。必要时也可配合快捷键，如在打开文件的窗口中，按住 Ctrl 键依次单击各文档，同时打开多个文件。

3.2.2　文档的编辑

新建文档后，就可以编辑文本了。编辑文本是指对文本内容进行选择、复制、移动、删除、查找与替换等操作。Word 2010 提供的整套工具对文本进行编辑、排版、打印等工作，从而帮助我们制作出具有专业水准的文档。

1. 文本的编辑

（1）文本的选取

选取文字最简单的方法是用鼠标左键拖动来选取，也可以采用不同的方法来选取不同的文档对象。

① 选定一行：在该行左侧选定区单击。

② 选定一段：在该段落左侧选定区双击。

③ 选定整个文档：在左侧选定区内，三击鼠标左键；或执行【编辑】|【全选】命令。

④ 选定一个矩形区域：按住 Alt 键的同时拖动鼠标左键。

⑤ 选定任意长度的连续文本：单击需选定的文本起点，按住 Shift 键单击需选定的文本终点；或按住鼠标左键，从起点拖动到终点。

⑥ 选定不连续的文本：先选定第一个区域，然后按住 Ctrl 键的同时依次选定其他区域。

注意：若要取消对文本的选定，在文档空白区域单击即可。

（2）删除和恢复文本

① 删除文本：按下 Delete 键删除插入点后的文本，按下 Backspace 键删除插入点前的文本。选定文本区域，再按 Delete 键，删除选定的文本。

② 恢复文本：单击【常用】中" "按钮（快捷键为 Ctrl+Z），可以恢复上一步操作。

（3）移动和复制文本

① 利用剪贴板移动和复制文本。

剪贴板是文档进行信息交换的媒介。选择【开始】菜单，下方将显示【剪贴板】工具组，有三个按钮（图 3-11）：剪切键 、复制键 和粘贴键 。利用剪贴板可以完成文本的移动和复制。

图 3-11 剪贴板工具组

② 使用拖动的方法移动和复制文本，操作方法为：移动文本只需用鼠标左键将选定的文本拖动到目标位置；复制文本只需按住 Ctrl 键用同样方法拖动。

（4）文本的查找和替换

文本的查找和替换功能可以对某个文字或文字格式在全文或指定范围内进行查找和替换。

① 文本的查找，具体操作如下。

通过导航窗口查找有两种方法。

方法 1：执行【开始】|【编辑】|【查找】命令，如图 3-12 所示。

图 3-12 开始菜单

方法 2：Word 窗口的左侧会出现导航窗口（图 3-13），在搜索框中输入查找文字，文档中所有查找的文字全部突显在导航窗口下方。

图 3-13 导航窗口

第 3 章
Word 2010 文字处理软件

高级查找有两种方法。

方法 1：单击【开始】|【编辑】|【查找】命令的下拉菜单，选择【高级查找】选项。

方法 2：单击【查找与替换】对话框中的【查找】选项（图 3-14），【查找下一个】可以逐个查找，【更多】可以展开对话框设置查找内容的更多选项。

图 3-14　查找和替换窗口

② 文本的替换，具体操作有两种。

方法 1：执行【查找和替换】|【替换】命令（图 3-15）。

图 3-15　查找和替换窗口【替换】选项

方法 2：在【查找内容】处输入被替换文字，【替换为】处输入替换的文字。选择【全部替换】命令或者配合【查找下一处】|【替换】命令，完成文本的替换。

注意：单击【查找和替换】|【更多】按钮，对话框将被扩展，增加搜索选项复选框（图 3-16）。

2. 字符的样式设置

字符是指作为文本输入的汉字、字母、数字、标点符号和特殊符号，字符样式的设置决定了字符在屏幕上显示或打印输出时的形式，可以达到强调、美观的作用。在未设置字符格式时，Word 使用默认的字符格式。字符的样式设置方法有如下几种。

（1）利用【开始】|【字体】工具组中的选项进行设定

字体下拉菜单，可以为选取的文字设定字体。字体大小下拉菜单，可以为选取的文字设定大小，字体大小有"号"和"磅"两种度量单位。以"号"为单位时，数字越小，字体越大；而以"磅"为单位时，磅值越小字体越小；字体色彩按钮，可选择要套用的文字颜色；清除格式按钮，可以清除选取文字的所有格式；文本效果按钮，可以为选取的文字设定特殊样式，如阴影、反射等特殊效果（图 3-17）。

图 3-16 【查找和替换】对话框

图 3-17 文字效果面板

（2）利用【字体】对话框设置

要设置一些特殊格式，如上下标、删除线、动态效果等，需要选择点击【字体】工具组 按钮（图 3-18），打开【字体】对话框，如图 3-19 所示。

图 3-18 【字体】工具组弹出按钮

图 3-19 【字体】对话框

3. 段落格式设置

段落格式就是以段落为单位的格式设置，包括段落对齐、缩进、行间距、段间距以及首字下沉、项目符号等。设置某一个段落的格式时，直接将插入点置于该段落中即可；同时设置多个段落的格式，则要选定这些段落。

（1）设置段落对齐方式

段落对齐方式有五种：左对齐、居中、右对齐、两端对齐和分散对齐。其中，两端对齐为默认方式，除最后一行左对齐外，其他行自动调整使每行正文两边在左右页边距处对齐。

① 利用【开始】|【段落】|【段落对齐方式】（图 3-20）进行设置。

图 3-20 【段落】工具组

② 利用段落对话框设置，打开【段落】|【段落】对话框，如图 3-21 所示，在【缩进与间距】|【常规】区域中，单击【对齐方式】按钮，并在下拉列表进行选择。

图 3-21 【段落】对话框

（2）设置段落缩进

段落缩进是指段落相对于左右页边距向页面内缩进一段距离，左右缩进的文字量是由文字区域的左右边界算起的，段落缩进包括四种缩进方式：左缩进、右缩进、悬挂缩进和首行缩进。

（3）设置字间距、行间距、段间距

① 字间距的设置：选择【开始】|【字体】组的 ，弹出【字体】对话框，选择【高级】，设定字符间距。

② 行间距的设置：通过【段落】对话框或者在【段落】组中的行距进行设置。

③ 段间距的设置：在【段落】|【缩进与间距】选项中，【段前】和【段后】即可设置段间距。

4. 项目符号和编号的设置

Word 提供自动项目符号和自动编号功能，项目符号和编号都是相对于段落而言的。单击【开始】|【段落】组的项目符号按钮及编号按钮，即可在段落前自动加上项目符号或编号。当设置了项目符号或编号后，按 Enter 键开始新的段落时，Word 会按上一段落的格式自动添加项目符号或编号。新段落不需要自动添加时，只需连按两次 Enter 键即可。

第 3 章
Word 2010 文字处理软件

5. 边框和底纹的添加

（1）为文字、段落添加底纹

① 给文字添加纯色背景：选中文字或段落，单击【开始】|【段落】|【底纹】按钮，如图 3-22 所示，从中选取需要的颜色。

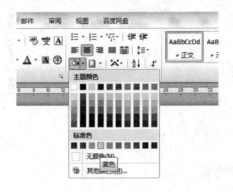

图 3-22　填充颜色设置

② 在纯色背景上添加花纹：选中【文字】或【段落】，选择线框按钮的向下箭头，执行【边框和底纹】命令，在【边框和底纹】对话框，选择【底纹】选项，即可设置底纹的样式和颜色等。

（2）为文字、段落添加边框

具体操作方法为如下。

方法 1：选中【文字】或【段落】，打开【边框和底纹】对话框，单击【边框】选项栏，即可设置边框的格式，如图 3-23 所示。

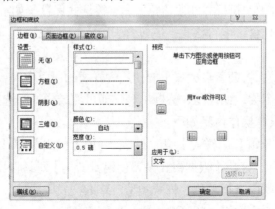

图 3-23　【边框和底纹】对话框

方法 2：在【设置】|【页面边框】命令栏中完成边框的设置。例如，进行如图 3-24 设置后，单击【确定】按钮，即可添加如图 3-25 所示的边框。

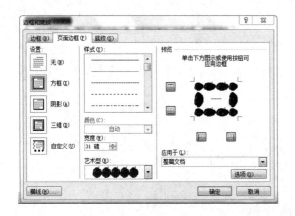

图 3-24 设置边框和底纹　　　　　图 3-25 添加边框效果

6. Word中的样式和格式

（1）格式刷

格式刷是用来复制文字和段落格式的便捷的工具，利用格式刷可以将一个文字或者段落的格式复制在另一个文字或段落上，具体操作方法为：选取已设定好格式的文本或段落，按下格式刷按钮 。利用鼠标拖动的方法选择需复制格式的文字，或到需复制格式的段落处点一下，即可完成格式的复制。

（2）样式

样式就是用样式的名称表示一组字符或段落的格式，样式可以快速统一文档的字符、段落、正文及各级标题的格式，更改样式即可更改整个文档中此样式的文本格式。

Word中样式可分为字符样式和段落样式：字符样式保存了如字体、字号、斜体等字符样式；段落样式既包含了字符格式，还包含了段落的对齐方式、行间距、段间距等段落格式。

① 选择已有样式：将插入点放置于要使用的样式的段落中，单击【开始】|【样式】组，选择所需的样式名称，如标题、标题1等，即可完成样式的选择。

② 新建样式，具体操作步骤如下。

步骤1：单击【开始】|【样式】组的 键，弹出【样式】窗口，选择【新建样式】按钮，（图3-26）所示，打开【根据格式设置创建新样式】对话框（图3-27）。

步骤2：在对话框中进行名称、样式类型、基准样式、后续段落样式，以及格式等设置，最后单击【确定】按钮，即可完成样式的新建。

图 3-26 【样式】菜单　　　　图 3-27 【根据格式设置创建新样式】对话框

文本的编辑是 Word 文档操作的重要环节。通过文本编辑，字符和段落格式的修改，项目编号、边框和底纹的添加，样式的修改，可完成简单文档的编辑。同时文档的编辑也是 Word 表格、长文档等编辑的基础，如样式的设定，可以把段落、文字等格式组合成一个整体，便于文本格式的修改；文档的编辑也是创建文档目录必不可少的前提条件之一。

3.2.3　页面布局设置

新建文档时，Word 已经为用户默认设置了纸张大小、纸张方向、字体大小、页边距等属性。而用户实际编辑时会根据实际需要进行修改，可以输入和修改同时进行，也可以输入完毕进行修改。页面布局设置主要包括页面设置，页眉、页脚、页码的添加等。

1. 页面设置

页面设置主要包括文本方向、页边距、纸张方向、纸张大小、分栏、版式、文档网格等，可以通过【页面布局】|【页面设置】组提供的命令进行设置，如图 3-28 所示。

单击【页面设置】左下角的对话框启动按钮　，打开【页面设置】对话框，包含页边距、纸张、版式、文档网络四个选项栏，如图 3-29 所示。

（1）设置纸张

Word 2010 中默认的纸张大小为 A4，即宽度 21cm，高度 29.7cm。用户可以自行设置文档的纸张大小或方向，具体操作方法为：执行【页面布局】|【页面设置】命令，可以在【纸张大小】按钮的下拉菜单中选择，也可以在【其他页】中进行设置（图 3-30）。

图 3-28 页面布局选项卡

图 3-29 【页面设置】对话框

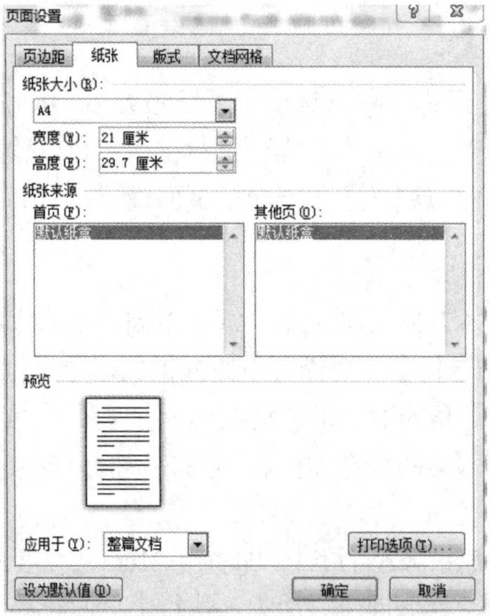

图 3-30 纸张设置

（2）设置页边距、纸张方向

页边距的设置包括上、下、左、右边距，是指页面中的文本与纸张边缘之间的距离。默认的左右页边距为3.17cm，上下边距为2.54cm，无装订线，页面方向为纵向。如需设置页边距，可以打开【页面设置】对话框，单击【页边距】选项栏，根据需要进行设置。

（3）设定文字方向

在Word中输入文字通常是横向文字，如需制作广告、公文等特殊文件时，直排文字更为合适，具体的操作方法为：打开【页面设置】对话框，单击【文字方向】的向下按钮，选择【垂直】选项，即可将文本改为直排布局。

（4）分栏

分栏功能可将文档分为多栏，这一功能主要应用于书籍、报纸等一些特殊文档的排版。具体操作方法为：打开【页面设置】对话框，单击【分栏】选项栏的向下箭头，可以选择5种预设的分栏样式；选择【更多分栏】选项，则打开【分栏】对话框（图3-31）。设置完毕后，单击【确定】按钮即可。

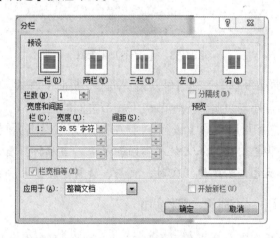

图3-31 【分栏】对话框

2. 分页、设置页码

（1）分页设置

Word 2010中有自动分页的功能，当输入内容多于一页时，自动新建一页，这种分页为自动分页。有时用户输入内容不足一页，但希望分页时，就需要手动分页。手动分页是通过在分页位置添加分页符来完成。

（2）添加页码

Word中可以通过【插入】|【页眉和页脚】|【页码】命令来插入文档页码，具体为：打开【页码】命令的下拉菜单（图3-32），设置页码放置位置和页码格式，完成页码的添加。

图 3-32 【页码】选项卡

（3）插入页眉、页脚

页眉一般在文档页面的上方，页脚在文档页面的下方。添加页眉、页脚的具体步骤如下。

步骤 1：在【页眉和页脚】组中，在【页眉】或【页脚】的下拉菜单中选择【编辑页眉】命令，窗口出现页眉页脚工具的【设计】选项栏（图 3-33）。

图 3-33 【设计】选项栏

步骤 2：在【页眉和页脚】工具组可以设置页眉、页脚的样式，输入内容后，在【导航】工具组可以进行页眉与页脚或上一节与下一节之间的切换。

步骤 3：单击页眉和页脚工具【设计】|【关闭】，即可退出页眉、页脚编辑状态。

注意：页眉和页脚与文档的正文处在不同的层次，当编辑页眉或页脚时，正文则呈现灰色，无法编辑；反之，当编辑正文时，页眉、页脚也处于无法编辑状态。

3.2.4 案例应用——制作一则通知

小强在某竞赛组委会办公室工作，最近单位要举行一个全国大学生竞赛。小强接到一个任务，负责对大赛通知的文稿进行排版设计。具体制作要求为：①给定的文档内容无须修改；②标题文字为了醒目，颜色采用红色并居中；③每项大标题要清晰；④通知格式标准，版式设计有美感。

制作一则通知

解决方案：大学生竞赛目的在于培养大学生创新意识、团队协同和实践能力，提高创新人才培养质量，对于大赛通知的排版注意创新性。要达到这一目标，排版时可巧妙地对文本的边框、底纹、段落格式等进行设置，按要求完成文稿的排版设计。

操作步骤如下。

步骤 1：在桌面空白处右击，【新建】|【Microsoft Word 文档】。

步骤 2：将文本内容复制到新建【Microsoft Word 文档】中。

步骤3：单击【页面布局】菜单栏中页面设置区的【页边距】下拉菜单，选择【自定义页边距】选项，将上、下、左、右边距都改为2（图3-34）。

步骤4：把插入点移至赛和网之间，单击Enter键，并将字体颜色改为红色，字体选择楷体，字号改为一号，版式为居中，效果如图3-35所示。

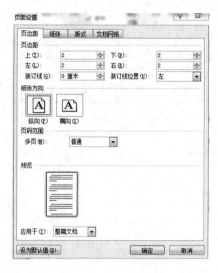

图3-34　自定义页边距　　　　　　　　　图3-35　修改后的标题

步骤5：所有其余文本，字号改为四号。并选择正文第2段文字，单击【开始】|【段落区】按钮，在弹出【段落】对话框中，进行设置（图3-36），并利用格式刷工具，修改正文其他部分。

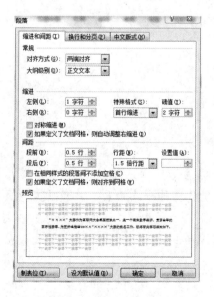

图3-36　【段落】对话框

步骤 6：选中“一、大赛主题”，并设置字体格式——黑体、三号、双下划线、字符底纹。使用格式刷工具修改其余的一级标题格式。

步骤 7：选中落款文字，设置为右对齐。

步骤 8：选择【文件】|【另存为】命令，将文件名改为大赛通知，单击【保存】按钮，完成案例制作，最终效果如图 3-37 所示。

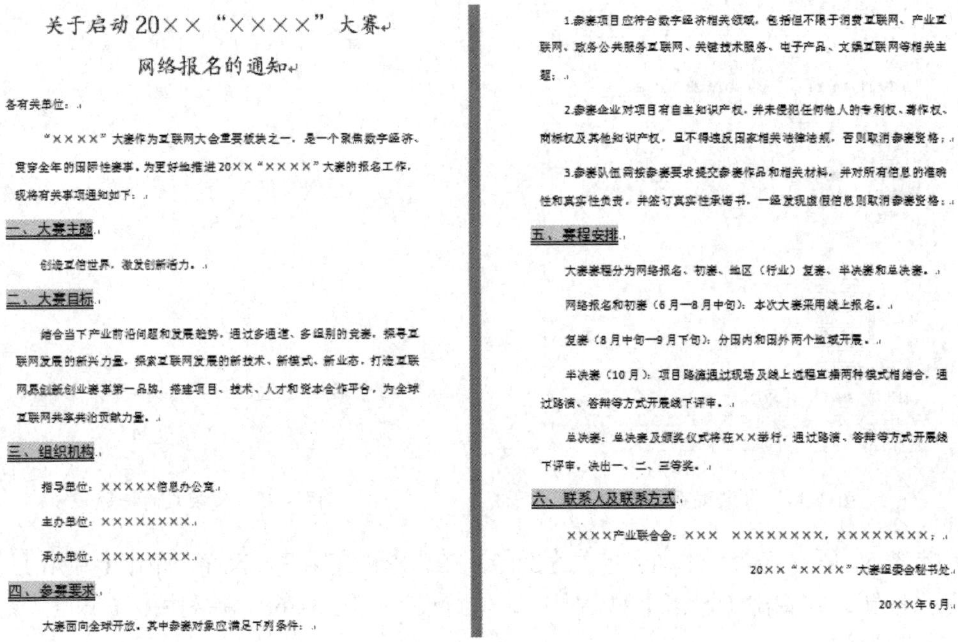
关于启动 20××“××××”大赛

网络报名的通知

各有关单位：

“××××”大赛作为互联网大会重要板块之一，是一个聚焦数字经济、贯穿全年的国际性赛事。为更好地推进 20××“××××”大赛的报名工作，现将有关事项通知如下：

一、大赛主题

创造互信世界，激发创新活力。

二、大赛目标

结合当下产业前沿问题和发展趋势，通过多通道、多组别的竞赛，探寻互联网发展的新兴力量，探索互联网发展的新技术、新模式、新业态，打造互联网易创新创业赛事第一品牌，搭建项目、技术、人才和资本合作平台，为全球互联网共享共治贡献力量。

三、组织机构

指导单位：×××××信息办公室

主办单位：××××××××

承办单位：××××××××

四、参赛要求

大赛面向全球开放，其中参赛对象应满足下列条件：

1.参赛项目应符合数字经济相关领域，包括但不限于消费互联网、产业互联网、政务公共服务互联网、关键技术服务、电子产品、文娱互联网等相关主题；

2.参赛企业对项目有自主知识产权，并未侵犯任何他人的专利权、著作权、商标权及其他知识产权，且不得违反国家相关法律法规，否则取消参赛资格；

3.参赛队伍需按参赛要求提交参赛作品和相关材料，并对所有信息的准确性和真实性负责，并签订真实性承诺书，一经发现虚假信息则取消参赛资格；

五、赛程安排

大赛赛程分为网络报名、初赛、地区（行业）复赛、半决赛和总决赛。

网络报名和初赛（6 月—8 月中旬）：本次大赛采用线上报名。

复赛（8 月中旬—9 月下旬）：分国内和国外两个地域开展。

半决赛（10 月）：项目路演通过现场及线上远程直播两种模式相结合，通过路演、答辩等方式开展线下评审。

总决赛：总决赛及颁奖仪式将在××举行，通过路演、答辩等方式开展线下评审，决出一、二、三等奖。

六、联系人及联系方式

××××产业联合会：×××　××××××××，××××××××；

20××“××××”大赛组委会秘书处

20××年 6 月

图 3-37　最终效果图

3.3 表格操作

引言

第一印象往往会给对方留下很深的烙印，简历是求职者带给工作单位的第一印象，如何用 Word 制作一份优秀的个人简历？本节重点学习 Word 中表格的建立、编辑和样式的设置等内容，侧重于对表格内文字的排版；并结合案例运用 Word 表格、图片和文本等内容，讲解 Word 制作简历的方法，是比较重要的一节，具有实际应用意义。

故事导读

"第一印象"很重要

项羽在鸿门设宴,酒酣之时,亚父范增预谋杀害刘邦,授意项庄拔剑在席上献舞,想趁机刺杀刘邦。项伯为保护刘邦,也拔剑起舞,掩护刘邦。在危急关头,刘邦部下樊哙一手持盾,一手持剑闯进去,卫兵前来阻挡,被力大无穷的樊哙撞得东倒西歪。

项羽一看,一个虎背熊腰的壮汉立于大厅中央,握剑坐直身子问:"此人是谁?"张良说:"他是沛公的参乘樊哙。"项羽欣赏道:"是位壮士!"于是赐酒一杯和一条猪腿。樊哙一饮而尽,拔剑切肉而食。片刻就把肉吃光了。项羽问:"樊将军还能再喝吗?"樊哙面斥项羽道:"臣死且不辞,岂特卮酒乎!且沛公先入定咸阳,暴师霸上,以待大王。大王今日至,听小人之言,与沛公有隙,臣恐天下解,心疑大王也。"一席话说得项羽无言以对,刘邦乘机逃走,摆脱了一场危机。

樊哙只是一个小小的车夫,为什么能够让楚霸王项羽如此高看?关键是项羽对樊哙的第一印象很好,能够听进去樊哙的话。

"第一印象"很重要

3.3.1 表格的建立

Word 2010 提供了绘制表格、自动生成、表格编辑等功能。Word 表格是由一个个相互连接的方框组成的,每个方框都被称为一个单元格。单元格是表格的最基本单位,也是文本的编辑区。在文件中插入表格,可以使版式有更多的变化,通过表格的归纳、整理,也能使读者快速了解作者所要表达的内容。

1. 建立表格

(1)创建表格

创建表格有插入表格和绘制表格两种方法。

① 插入表格。

单击【插入】|【表格】|【插入表格】下拉菜单,选择行列数,或打开【插入表格】对话框(图 3-38)进行设置。

图 3-38 【插入表格】对话框

② 绘制表格。

在【表格】的下拉菜单中选择【绘制表格】命令。鼠标的指针将变为画笔的形状，此时可以进行表格的绘制。在单元格内拖动鼠标，可以绘制斜线。按 Esc 键，退出绘制状态。

2. 删除表格线条

利用【擦除】命令，修改表格，具体操作步骤如下。

步骤 1：光标移至表格内，菜单栏将出现【设计】和【布局】选项栏。

步骤 2：在【设计】选项栏单击【擦除】命令，如图 3-39 所示。

图 3-39 表格设计工具栏

步骤 3：鼠标指针呈橡皮状时，单击需要删除的线或在线框上拖动，即可将线条擦除。同样，按 Esc 键，可以退出【擦除】状态。

3. 表格中输入文字

将插入点移至单元格内，即可在表格中输入文本。当一个单元格内容输入完毕，可单击 Tab 键或向右方向键→，即可将插入点移到下一个单元格中继续输入。

4. 将文本转化为表格

步骤 1：在新建的 Word 中输入文本（图 3-40），每行词语间使用空格分割。

序号　姓名　成绩
1　　小明　92
2　　小花　95
3　　小强　83

图 3-40　文本输入

步骤 2：选中全部文本，执行【插入】|【表格】|【文本转换成表格】命令。

步骤 3：在弹出的对话框中，进行参数设置（图 3-41），单击【确定】按钮，即可生成表格（图 3-42）。

序号	姓名	成绩
1	小明	92
2	小花	95
3	小强	83

图 3-41　表格参数设置　　　　　　　图 3-42　生成表格

由此可见，在 Word 中，可以很方便地进行文本和表格之间的转换，并且可以把段落标记、逗号、空格、制表符或其他特殊字符隔开的文字转换为表格。

3.3.2　表格的编辑

创建表格时，Word 表格的行高、列宽、文本等往往采用默认值。制作表格一般要经过创建表格、编辑表格、输入文本内容、设置内容的格式、边框底纹。创建表格后通常需进行编辑和修改操作，例如，调整行高、列宽，插入和删除单元格，拆分和合并单元格等。

1. 单元格、行、列及表格的选定

对于单元格、行、列及表格的选定，通常通过以下两种途径进行选定。

（1）利用【表格工具】|【布局】，在【表】组中单击【选择】下拉菜单即可选择单元格、列、行、表格。

（2）利用鼠标进行灵活选定。

拖动鼠标左键，拖到适合的大小即可。

2. 调整行高、列宽

表格中的行高和列宽的调整方法可分以下几种：一种是利用【表格属性】命令；一种是使用鼠标拖动表格线；一种是通过标尺上的【调整表格行】或【移动表格列】按钮。

3. 调整表格文本对齐方式

单元格内文字的水平对齐方式和垂直对齐方式都可以进行设置，具体操作步骤如下。

步骤 1：利用鼠标拖动的方法，选中所有的单元格。

步骤 2：执行【表格工具】|【布局】命令，【对齐方式】工具组（图 3-43）即可设置表格中文本对齐的方式。例如选择【水平居中】按钮，所有文本在表格内水平和垂直均居中（图 3-44）。

图 3-43　表格对齐方式　　　　　　　　图 3-44　【水平居中】对齐效果

4. 行、列、表格的插入和删除

① 插入行、列、表格，具体操作步骤如下。

步骤 1：在表格中需插入行和列的位置，选取一个或多个单元格。

步骤 2：在【表格工具】|【布局】|【行和列】组中，根据需要进行选择，如【在上方插入】【在下方插入】等，单击【确定】按钮，即可插入所需要的行、列、表格（图 3-45）。

② 单元格、行、列、表格的删除，具体步骤如下。

步骤 1：在表格中选择需要删除的若干行、列、表格。

步骤 2：在【表格工具】|【布局】|【行和列】组中，单击【删除】键的下拉菜单（图 3-46），根据需要进行选择，单击【确定】按钮，完成单元格、行、列、表格的删除。

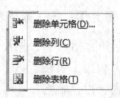

图 3-45　表格插入　　　　　　　　　　图 3-46　删除表格

通常情况下，Word 能自动按照单元格中最高的字符设置文本高度。表格中的单元格可以包含多个段落，每个段落都可以设置成不同的段落样式。除了插入文本以外，还可以插入图形。Word 会自动增加行高，来满足插入的内容。

3.3.3 设置表格样式美化表格

在 Word 表格调整之后，就可以设置表格样式。在 Word 2010 软件中，提供了丰富的表格样式库。我们可以利用 Word 中自带的表格样式库功能快速地制作出美观的表格文档；如果样式不能很好地满足用户的需求时，用户也可以自定义设置表格的样式，例如设置表格字体、表格边框线、底纹等。

1. 套用Word系统内的表格样式

具体操作步骤如下。

步骤 1：在打开的文档（图 3-47）中，将插入点移至表格内。

序号	姓名	成绩
1	小明	92
2	小花	95
3	小强	83

图 3-47 原始表格

步骤 2：在【表格工具】|【设计】|【表格样式】组（图 3-48）中样式列表右侧的箭头可以上下查找，单击键，可打开所有表格样式进行套用。例如，单击【表格样式】中的【中等深浅底纹 2-强调文字颜色 2】，表格呈现如图 3-49 所示的效果。

图 3-48 设计表格样式

序号	姓名	成绩
1	小明	92
2	小花	95
3	小强	83

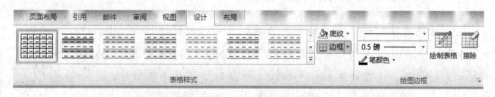

图 3-49 表格效果图

2. 设置表格的边框和底纹

对表格边框和底纹进行多样化设置的方法是单击【表格工具】|【设计】|【绘制边框】组中向下箭头，打开【边框和底纹】对话框（图3-50），进行设置。其中，【边框】【页面边框】【底纹】可以设置合适的边框类型、线型、线框、底纹的颜色和样式等。

图 3-50 【边框和底纹】对话框

在设置表格样式时，字体、字号、颜色的设置与普通文本的设置方法相同。如果在设置表格背景填充时，使用自定义的颜色进行填充，可以通过鼠标拾取色块或直接填入 RGB 的颜色数值。

3.3.4 案例应用——制作一份精美的个人简历

临近毕业的小明对一个企业特别感兴趣，于是，他想通过 Word 制作一份精美的个人简历，参加面试。初步的制作目标为：①将简历中个人基本信息、学习情况、受教育情况、具备技能等方面分区域展示出来；②突出自己的优点；③层次分明，条理清晰。可是，如何制作呢？

解决方案：该案例目的在于通过精美的个人简历展示自己。所以制作思路为：制作前，系统掌握个人简历制作方法、写作要求和技法。运用 Word 2010 中前面所学习的表格的创建、编辑、设置表格样式的知识来制作，根据所选的单位和职业不同来调整自己的简历内容。

制作一份精美的个人简历

操作步骤如下。

步骤 1：在桌面空白处右击，【新建】|【Microsoft Word 文档】，并命名为个人简历。

步骤 2：打开个人简历.docx 文档，第一行输入文本个人简历。

步骤 3：单击【插入】|【表格】下拉菜单，单击【插入表格】命令，在弹出的对话框中，输入列数为 7、行数为 18。

步骤 4：对个人简历依次设置字号一号、加粗、居中。单击【字体】|【高级】选项，【字符间距】|【间距】设置为加宽，磅值为 10 磅。

步骤 5：在表格中分别输入（图 3-51）中所示的文本内容。

个 人 简 历

姓名		性别		出生年月		照片
民族		籍贯		政治面貌		
身高		体重		健康状况		
专业		学历		学位		
联系电话				Email		
毕业院校						
英语水平				计算机水平		
爱好特长						
获得证书						
奖励情况						
教育背景						
社会实践情况	起止时间		实践单位		实践内容	证明人
自我评价						

图 3-51　表格示例

步骤 6：单击表格左上角的 ⊞ 键，选中整个表格，文字大小设置为小四号，【表格工具】|【对齐方式】设置为水平居中，【单元格大小】中行高设置为 1.2 厘米。

步骤 7：选中照片及下面三个单元格，执行【表格工具】|【布局】|【合并单元格】命令，将四个单元格合并，并调整合适的列宽。用同样方法设置好其余单元格（图 3-52）。

步骤 8：调整完毕后，单击【文件】|【保存】（或按 Ctrl+S 组合键），进行保存，完成案例的制作。

个 人 简 历

姓名		性别		出生年月		照片
民族		籍贯		政治面貌		
身高		体重		健康状况		
专业		学历		学位		
联系电话				Email		
毕业院校						
英语水平				计算机水平		
爱好特长						
获得证书						
奖励情况						
教育背景						
社会实践情况	起止时间	实践单位		实践内容		证明人
自我评价						

图 3-52 个人简历效果

3.4 图文混排

📝 引言

许多情况下，Word 文档排版都是黑白文字，我们可以试着加点颜色、图片，让文档更加具有美感。Word 具有强大的图形编辑和图文混排的功能，本节重点学习文档中插入图形、SmartArt 示意图、图片、艺术字、公式等对象的方法；插入的对象与文本之间的层次关系的设置，以及图文混排的技巧，进而让文档具有更强的艺术效果。

▶ 故事导读 ▶

大数据应用之"赛事"

对于体育爱好者，追踪电视播放的最新运动赛事几乎是一件不可能的事情，因为每年有超过上百个大型赛事在 8000 多个电视频道播出。

而现在开发了一个可追踪所有运动赛事的应用程序 RUWT，它已经可以在 iOS、Android 设备，以及 Web 浏览器上使用，并不断地分析运动数据流，可以让体育爱好者知道哪个台可以看到想看的节目，并让体育爱好者在比赛中进行投票。该程序能基于赛事的激烈程度对比赛进行评分排名，同时体育爱好者可通过该应用程序找到值得收看的频道和赛事。

而专业篮球队可以用这类程序搜集大量数据来分析赛事情况，努力让球队获得高分。

Krossover 球类赛事平台是分析球队运动数据的平台。每场比赛过后，教练只需上传比赛视频。接下来，Krossover 的分析团队将对运动员的每个动作进行全面细致的分析。教练再看比赛视频时，只需查看任何他想要的数据，如数据统计、比赛中的个人表现、比赛反应等，从而有利于分析所有的可量化的数据。

3.4.1 绘制与编辑图形

在 Word 2010 文档中，加入图形可以使文档多样化且自然、美观。用户可以插入和修改默认的形状，也可以利用 Word 画各种几何图形，再调整图形的大小和颜色。此外，图形中可以添加文本内容，也可以和文档进行巧妙的混排。需要注意的是，混排时避免出现排版错乱的问题。

1. 插入图形

执行【插入】|【插图】|【形状】命令，在形状列表中选中所需的图形，直接拖动到文档中，即可插入图形。

2. 修改图形

选中需要修改的图形，执行【绘图工具】|【格式】|【插入形状】命令，可以通过【编辑形状】下拉菜单的命令修改形状。例如，【更改形状】可以重新选择合适的形状；【编辑顶点】可以调整图形的控制点等。

3. 图形中添加文本

Word 中有些图形是可以添加文字的。选中图形，在图形上右击，选择【添加文字】

选项，即可输入文字内容。例如，在文档中绘制一个图中的箭头，然后在箭头上右击，选择【输入文字】命令，输入"向右"两个字，并调整文字大小，最后效果如图 3-53 所示。

图 3-53　图形中输入文字

如果文档中一个复杂图形由多个形状对象组成时，可以将多个形状组合起来，便于整体移动和修改。具体做法为：选中所有图形，在选中的图形上右击，在弹出的菜单中执行【组合】命令即可。如需解组时，在图形上右击，选择【取消组合】命令即可。

3.4.2　插入和编辑其他对象

在 Word 中除了可以插入图形，还可以插入图片、艺术字、公式等对象，并且可以进行编辑。在文件中插入图片，可以选用 Office 自带的剪贴画，也可以选用自己拍摄或绘制的图片，并可以对图片进行修正色彩、调整明暗和美化等操作。另外，Word 2010 还提供了插入 SmartArt 图形的功能。

1. 插入图片

（1）插入剪切画

插入 Office.com 提供的剪贴画。具体操作步骤如下。

步骤 1：单击【插入】|【插画】选项，单击【剪贴画】，右侧会自动开启剪贴画窗口。

步骤 2：在【剪贴画】|【搜索文字】的搜索框内输入文字，单击【搜索】按钮进行搜索。

步骤 3：搜索完毕，图片将显示在下方的预览框内（图 3-54），选中拖动到文档中或者在图片右侧的向下箭头中选择插入，即可完成剪贴画的插入。

图 3-54　【剪贴画】预览框

（2）插入图片

插入预先准备的图片，具体操作方法如下。

步骤1：将插入点移至插入图片的位置，执行【插入】|【插画】|【图片】命令。

步骤2：在弹出的对话框中找到图片所在的位置（图3-55），并选中要插入的图片，单击【插入】按钮，即可完成预先准备图片的插入。

（3）编辑图片

编辑图片的具体操作方法如下。

步骤1：选中插入的图片，图片四周将出现8个圆形的操作控点，如图3-56所示。

图3-55　插入图片文件

图3-56　图片的操作控点

步骤2：利用鼠标拖动四角的操作控点，就能按照图片原始的宽高比例调整图片大小；如果拖动四边的拖动操作控点，则会按照实际的移动量进行图片大小的调整。

步骤3：裁剪图片的具体操作方法为：选中图片，单击【图片工具】|【格式】|【大小】组的【裁剪】按钮上半部分，图片四周显示裁剪标记，如图3-57（a）所示，鼠标移动裁剪标记，内部即最终图片的显示范围。操作完毕，按 Enter 键，完成裁剪，效果如图3-57（b）所示。

（a）图片裁剪前

（b）图片裁剪后

图3-57　图片裁剪（前、后）

步骤4：旋转图片的具体方法为：图片被选中时，顶端出现一个绿色的圆点，为旋转控制点，拖动控制点即可完成图片的旋转。

2. 插入艺术字

Word给用户提供了创建艺术字的工具，在文档中可以创建出多种艺术字的效果，让文字活跃起来。插入艺术字，具体操作步骤如下。

步骤1：单击【插入】|【文本】|【艺术字】的向下箭头，打开艺术字的样式列表。

步骤2：选择其中一个样式，文档中会出现如图3-58所示的【请在此处放置您的文字】文本框。

图3-58　艺术字样例

步骤3：在编辑区域输入文字，如大数据时代，即完成（图3-59）插入艺术字的操作。

大数据时代

图3-59　艺术字输入

3. 插入文本框

文本框内可以插入文字或图片等对象，是一种图形对象，插入的对象也可以进行设置。插入文本框的具体操作如下。

步骤1：单击【插入】|【文本工具】|【文本框】选项，弹出【内置】预览框。

步骤2：在预览框中可以选择内置的文本框；也可使用【绘制文本框】|【绘制竖排文本框】绘制任意的文本框。

步骤3：输入文本、设置文本框的大小，即可完成文本框的插入。

4. 插入公式

Word 2010为用户提供了公式编辑器，可以编辑各种数学公式、表达式，也方便在文档中输入各种数学符号。插入公式的具体操作步骤如下。

步骤1：将插入点移至需要插入公式的位置。

步骤2：执行【插入】|【符号】|【公式】命令的下拉菜单。在下拉菜单中，可以直接选择公式；也可以执行【插入新公式】命令，文档中会出现一个如图3-60所示的输入框，同时，工具栏将会弹出【公式工具】|【设计】选项栏（图3-61）。

图 3-60　插入公式

图 3-61　【公式工具】|【设计】选项栏

步骤 3：在公式输入框内，通过输入字符、选用样式等操作完成公式的编辑。

步骤 4：输入完毕，单击编辑区的向右箭头，在下拉菜单中可以对公式进行【更改为内嵌】【更改为显示】之间的切换。

5．插入 SmartArt 图表

Word 中的 SmartArt 图表有多种精美的图形，例如，流程图、矩阵图、组成图、金字塔图等，通过选择、设置可以快速地绘制出专业的图表。插入 SmartArt 图表可分为创建和修改图表。

（1）创建 SmartArt 图表

SmartArt 图表的创建，操作步骤如下。

步骤 1：单击【插入】|【SmartArt】。

步骤 2：单击【选择 SmartArt 图形】|【列表】的选项（图 3-62）中，选择类别、图形列表，单击【确定】按钮。

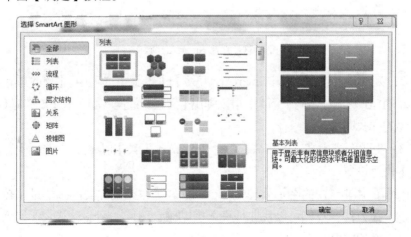

图 3-62　【选择 SmartArt 图形】对话框

步骤 3：图表插入后，在标有文本的地方输入文字。

步骤 4：利用图表框的控制点————修改图表的显示范围，完成 SmartArt 图表的插入。

（2）SmartArt 图表样式修改

SmartArt 图表样式的修改操作步骤如下。

步骤 1：更改图表的配色。选中绘制的图表，切换至【SmartArt 工具】|【设计】选项，按下【更改颜色】下拉菜单，在如图 3-63 所示的预览框中进行选择。

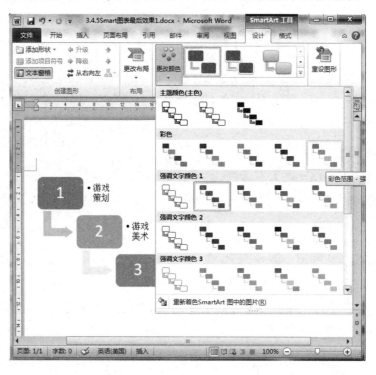

图 3-63　更改 SmartArt 颜色

步骤 2：更改图表样式。在【SmartArt 工具】|【设计】选项中，【更改颜色】的右侧为 SmartArt 的样式区，单击向下箭头，可以弹出【文档的最佳匹配对象】预览框（图 3-64），选择所需要的样式即可。

步骤 3：更改图表中文字的样式。在【SmartArt 工具】|【格式】选项中，通过【艺术字样式】进行设置。

Word 2010 并非专门的图形处理软件，创建较为复杂且完美的图形是比较困难的。但是，通过上述方法，我们可以快速地插入剪贴画、图片、图形、艺术字等到文档中，从而丰富了文档的内容。

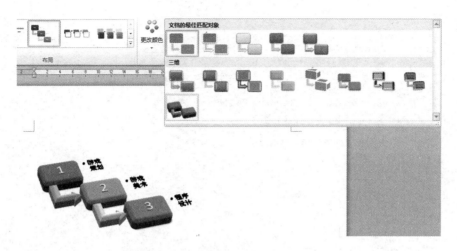

图 3-64 【文档的最佳匹配对象】预览框

3.4.3 图文的排列方式

Word 具有很强大的图形编辑和图文混排的功能，插入的对象与文本之间的层次关系可以进行设置。例如，图形可插入文本层成为文本层的一部分，可以设置到文字的上方或下方，也可以设置为被文本环绕等，通过图文的混排让文档具有更强的艺术效果。Word 文档中的对象可分为三个层次，分别为文本层、绘图层和文本层的下层。

1. 图形与图形之间的层次关系

默认状态下，插入的图形按照插入的顺序进行逐层的叠放。绘制完毕后，其层次关系也可以调整，具体方法为：首先选中要改变的图形层，然后右击，出现【置于顶层】、【置于底层】选项，其子菜单中分别有【置于顶层】、【上移一层】、【置于底层】、【下移一层】命令，根据需要选择即可改变图形之间的层次关系。

2. 图形与文本之间的层次关系

用户可以将插入的图形放置在文本的上层，也可以放置在文本的下层，具体的调整方法为：选中需要改变层次的图形，然后右击，出现【置于顶层】、【置于底层】选项，其子菜单中分别有【浮于文字上方】、【衬于文字下方】命令，根据需要选择即可改变图形与文本层之间的层次关系。

3. 图形与文字之间的环绕关系

Word 中图形与文字之间的环绕方式和环绕位置可以根据需要进行设置，具体的操作方法为：选中要设置图文环绕关系中的图形，然后右击，选择【其他布局选项】选项，打开【布局】对话框（图 3-65），选择【文字环绕】选项栏。选取所需要的文字环绕方式，单击【确定】按钮，即可完成设置。

图 3-65 【布局】对话框

在编辑一些图文资料时，用户常常会插入一些图片，这就涉及了图文混排的知识。上述讲解的就是 Word 中专门用于图文混排的工具——文字环绕。除了直接设置图片的环绕方式外，用户也可以使用文本框或表格来调整图片和文字的相对关系，都可以让图片与文本紧密结合，显示出更好的效果！

3.4.4 案例应用——设计一个具有美感的文档版式

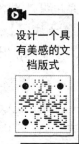

设计一个具有美感的文档版式

小明在一个杂志社编辑部工作，新一期的期刊文稿和图片素材都已经汇总完毕。今天，他接到一个任务，对其中的一篇文章进行排版设计，具体要求：①字体大小、段落格式符合期刊要求，分两栏；②图文并用、排版具有设计感；③以蓝色为主题颜色；④标题醒目。

解决方案：本案例主要目标是将一篇文档的排版设计富有设计感，在制作时可通过本节学习的创建和编辑文档中的图片、图形、文本框等对象，进行图文混排的方法来完成。

具体的操作步骤如下。

步骤 1：新建 Word 文档，单击【页面布局】|【页面设置】组的 键，打开【页面设置】对话框，上、下、左、右页边距均设置为 2 厘米，如图 3-66 所示。

步骤 2：执行【插入】|【插图】|【图片】命令，插入图片素材，并裁剪图片，效果如图 3-67 所示。

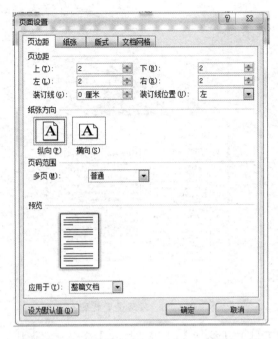

图 3-66 页面设置

图 3-67 图片素材裁剪效果

步骤 3：输入标题"沈阳石佛寺残塔最'悲催'的千年古塔"，在残塔后按 Enter 键变为两行。分别设置文字格式"沈阳石佛寺残塔"为黑体字，字体大小为一号，加粗，字体蓝色为深蓝色；"最'悲催'的千年古塔"为黑体字，字体大小为小三，加粗。

步骤 4：执行【插入】|【插图】|【形状】命令，绘制一条黑色直线，线条粗细设为 1.5，标题效果如图 3-68 所示。

沈阳石佛寺残塔

最"悲催"的千年古塔

图 3-68 标题文字效果

步骤 5：执行【插入】|【文本】|【文本框】|【绘制文本框】命令，分别在标题下方和右方绘制两个文本框。

步骤 6：打开文本素材，并将文字复制、粘贴到左侧文本框内。执行【格式】|【文本】|【创建链接】命令，将光标移到第二个文本框，单击鼠标左键。

步骤 7：选中两个文本框中的文本，字体设置为黑体、五号。单击鼠标右键，选择段落，进行如图 3-69 所示的设置，设置后效果如图 3-70 所示。

图 3-69 段落设置　　　　　　　　　　图 3-70 段落设置效果

步骤 8：选中左侧文本框，执行【绘图工具】|【格式】|【形状样式】命令，将形状轮廓设置为无轮廓。

步骤 9：选中右侧文本框，执行【绘图工具】|【格式】命令，将填充颜色设置为蓝色，形状轮廓设置为无轮廓。在【开始】|【字体】组中，将字体颜色设置为白色，完成文档的版式设计，最终效果如图 3-71 所示。

图 3-71 版式设计效果图

3.5 长文档的编辑与管理

引言

在日常使用 Word 办公的过程中,用户常常需要制作长文档。由于长文档的目录结构通常比较复杂,内容也较多,如果不使用正确高效的方法,那么整个工作过程就可能费时、费力。本节首先学习插入题注、脚注和尾注,创建索引与目录,文档的修订与批注,打印预览与打印的方法;通过实例操作、详细讲解,合理制作长文档的编辑与管理的方法,掌握长文档制作的必备技能。

故事导读

Windows:成功的交响乐

"所见即所得"是微软赖以独霸天下的 Windows 系统的核心。1983 年 1 月 1 日微软发布 Word For Dos 1.0,这是第一套可在计算机屏幕上显示粗体、斜体、特殊符号的文字处理软件,支持鼠标和激光打印机。遗憾的是它被 Wordperfect 击败了,于是微软就转移了战场。

微软集中了全部力量开发图形操作系统,Windows 1.03 版终于在 1985 年 11 月上市,查尔斯·西蒙尼将 Windows 系统比作音乐中的交响乐。1990 年 Windows 3.0 问世,这是软件发展史上的里程碑,从此软件迈入了图形时代,微软的应用软件从此一统天下,文字处理 Word,电子表格 Excel 是销售量最大的 Windows 应用软件,给微软带来了数十亿美元的利润。

"Windows:成功的交响乐"

3.5.1 插入题注、脚注和尾注

在长文档的编辑过程中,文档内容的题注、注释和索引非常重要,可以使文档引用的或者关键的内容有效地组织起来。脚注和尾注不属于文档正文,但对文档中的内容起到补充作用,如备注、说明引用内容等。页脚可以用来设置统一的文档显示格式,可以批量在每个页面的固定位置添加信息。

1. 插入题注

题注是一种可以为文档中的图表、公式、表格等对象添加的编号标签。在文档的编辑过程中,如果对题注执行添加、删除、移动等操作,可以一次性更新所有题注编号,而无需单独进行调整。插入题注的具体操作步骤如下。

步骤1:将插入点移至添加题注的位置,执行【引用】|【题注】|【插入题注】命令,打开【题注】对话框(图3-72)。

步骤2:【题注】对话框中显示了默认的题注内容、题注标签、编号等按钮。例如,打开如图3-73(a)所示的文档,第1张图片下插入第1个题注"图表1",在第2张图片下插入第2个题注,这时会自动命名为"图表2",最后效果如图3-73(b)所示。

图 3-72 【题注】对话框

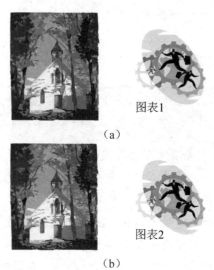

图 3-73 插入题注前后

步骤3:【标签】选项中有3个选项:图表、公式和表格。【新建标签】用来增加题注标签选项。【位置】主要用来设置插入的题注所放位置。【编号】按钮用来设置编号的格式。

步骤4:设置完毕,单击【确定】按钮即可。

2. 插入脚注和尾注

在编写文章时,通常需要对引用的内容、名词等进行注释,其中,脚注位于每页的底端,尾注是位于文档的结尾处。通过【引用】|【脚注】组的 键,打开【脚注和尾注】对话框(图3-74)进行插入。

图 3-74 【脚注和尾注】对话框

3.5.2 创建索引与目录

索引和目录是一个文档中不可缺少的一部分，索引主要作用在于列出一个文档中的术语、主题及出现的页码，通过文档主索引项的名称和交叉引用标记索引项来创建，进而生成索引。目录的内容由各级标题及其所在的页码组成，目的在于方便读者直接查询有关内容的页码。而目录是列出文档中的各级标题以及每个标题所在的页码，是编辑长文档的一项重要工作。

1. 标记并创建索引

（1）标记索引项

创建索引之前，应先标记索引项，然后就能选择一种索引图案来建立完整的索引。标记索引项方法为：选择作为索引的文本。执行【引用】|【索引】|【标记索引项】命令，打开【标记索引项】对话框（图 3-75），【主索引项】的输入框中显示选定的文本。还可以通过【次索引项】|【第三级索引项】或另一个索引项的【交叉引用】命令来自定义索引项。

（2）生成索引

生成索引目录是将文档中有索引项的页码自动识别，并形成一个可检索的目录。生成索引目录的具体操作步骤如下。

步骤 1：将插入点移至放置索引目录的位置，执行【引用】|【索引】|【插入索引】命令，打开【索引】对话框（图 3-76）。

图 3-75 【标记索引项】对话框　　　　图 3-76 【索引】对话框

步骤 2：执行【格式】|【页码右对齐】|【制表符前导符】命令，在【打印预览】对话框中可观察的设置的样式。在【类型】选项中，【缩进式】、【接排式】主要用来设置次索引、第三级索引与主索引之间的排列方式。【栏数】为索引目录设置的列数。最后，单击【确定】按钮，即可生成索引目录。

2. 目录的创建与更新

（1）目录的创建

Word 2010 有一个内置的"目录库"，可以自动生成目录，也可以自定义样式创建目录。文档编制了目录以后，用户只要单击目录中的某个页码，就可以跳转到该页码对应的标题。

① 使用内置的目录库自动生成目录，具体方法为：首先将插入点移至需要创建目录的地方，一般位于文档正文内容的最前面。然后，单击【引用】|【目录】的下拉菜单（图 3-77），列表中显示了系统内置的【目录库】，根据需要选中即可。

② 使用自定义样式创建目录，具体的操作步骤如下。

步骤 1：将插入点移至需要创建目录的地方，一般位于文档正文内容的最前面。

步骤 2：单击【引用】|【目录】的下拉菜单，选中【插入目录】命令，打开【目录】对话框（图 3-78）。

步骤 3：在【目录】对话框中进行设置。例如，【显示页码】将在目录中显示标题的起始页码；【页码右对齐】可以将页码设置为右对齐；【制表符前导符】可以选择页码前导的连接符号；【常规】|【格式】列表可以选择目录的样式；【常规】|【显示级别】列表可以设置要显示的标题级别或大纲级别等。

步骤 4：设置完毕后，单击【确定】按钮，则自动生成目录。

图 3-77 【目录】菜单

图 3-78 【目录】对话框

（2）目录的更新

执行【引用】|【目录】|【更新目录】命令，打开如图 3-79 所示的【更新目录】对话框，选择【只更新页码】或【更新整个目录】选项，单击【确定】按钮，即可完成目录的更新。

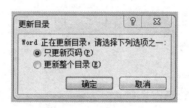

图 3-79 【更新目录】对话框

通常情况下，我们利用 Word 根据内容自动生成目录。不过，根据需求的不同，也可以选择手动制作目录。两者各有优缺点，自动生成目录快捷，且在文档发生了改变以后，还可以利用更新目录的功能来适应文档的变化，但样式只能从默认的模板中选择；手动目录较为灵活一些，但制作的过程较为烦琐。

注意：在生成目录之前，应首先将正文中的章节的标题内容按照最终生成目录的层次要求设置成大纲级别或者标题样式。

3.5.3 文档的修订与批注

Word 2010 的修订和批注功能主要用来审阅 Word 文档，都在【审阅】菜单里面。修订是一种可以保留修改过程痕迹的模式，修订内容是文档的一部分。批注是读者在阅读 Word 文档时所提出的注释、问题、建议等，不是文档的一部分。

1. 文档的修订

添加文档的修订，具体的操作步骤如下。

步骤1：在文档中，单击【审阅】|【修订】|【审阅窗格】下拉列表，选中【垂直审阅窗格】选项，Word窗口的左侧则出现【修订】预览窗口（图3-80）。

图3-80 【修订】预览窗口

步骤2：选择需要修改的文字，单击【修订】按钮，并输入修改后的文字。

步骤3：单击【修订】按钮，完成修订操作。

2. 文档的批注

添加文档的批注，具体的操作步骤如下。

步骤1：选中需要添加批注的文本。

步骤2：执行【审阅】|【批注】|【新建批注】命令，右侧出现一个红色的输入框，在框中输入需要批注的文本，即可添加批注。

3. 修订和批注的隐藏

在有修订和批注的文档中，打开【审阅】|【修订】|【显示以供审阅】的下拉列表，选择【最终状态】选项，即可隐藏所有修订和批注，显示最终效果。

注意：修订和批注的隐藏并非删除，隐藏后在其他计算机再打开，依旧会出现修订和批注。

4. 修订和批注的删除

修订和批注的删除，需要结合【接受】或【拒绝】命令，具体操作方法如下。

步骤1：在有修订和批注的文档中，打开【审阅】|【修订】|【显示标记】下拉列表，确保列表中每个选项都被勾选。

步骤 2：执行修订删除命令可通过两种方法：一种是结合【审阅】|【更改】组中的【上一条】或【下一条】按钮进行查找，并单击【接受】或【拒绝】命令；另一种是单击【审阅】|【更改】组中【接受】下拉列表中的【接受并移动到下一条】或【拒绝】下拉列表中的【拒绝并移动到下一条】，直至接受或拒绝文档中所有修订。

因此，使用修订标记，即是在对文档进行插入、删除、替换及移动等编辑操作时，这些所做的修改的地方以特殊的标记来记录，方便其他用户或者原作者清楚地看到文档所做的修改。所以，在我们的学习或工作中，遇到修订或者审阅一些文档如合同和文件时，就可以轻松地修订并将修订的内容传递给其他人了。

3.5.4　打印预览与打印

Word 2010 具有强大的打印预览与打印功能。用 Word 制作完一份文档后，如果想要打印，一般都会先对文档进行打印预览并打印输出。需要注意的是，给 Word 2010 工具栏处添加快速打印按钮，单击此按钮就可立即打印文档了。

1. 打印预览

Word 2010 提供了文档在电脑屏幕中预览打印输出效果的功能，执行【文件】|【打印】命令，即显示打印预览界面（图 3-81）。

图 3-81　打印预览

2. 打印参数的设置

打印预览界面中间一栏（图 3-82），包含了【打印】【打印机】【设置】三个分区。

如直接打印，可执行【打印】命令。如需自定义打印，可以在相关的命令中进行设置，如打印份数默认的打印份数为"1"，如果让打印机连续打印多份，可在【份数】后面的输入框中输入所需要的份数；如果用户的所连接的打印机不止一台时，可在的【打印机】的下拉列表中进行选择；【打印页面范围】可以在【打印所有项】的下拉列表中进行设置；【单面打印】下拉列表可以设置【单面打印】【手动双面打印】等。

图 3-82 打印设置

切记，参数设置完毕且预览无误后，要注意打印选择的纸张格式与实际使用的纸张格式保持一致。避免出现 Word 文档打印不全的情况，如打印机里面装的是 A4 的纸张，然后 Word 中纸张设置是 A3 的，这样多出了的部分，便不会显示出来。

3.5.5 案例应用——宣传手册的排版设计

小强在教育部某部门工作，现有一个关于指导大学生创业的宣传文件需要印发。今天，上级分配他一个对宣传文件内容编排的任务，主要要求为：①设计并制作封面，标题醒目，有设计感；②正文严格按照部门宣传文件格式要求进行编排；③生成目录，格式规范；④使用 A4 纸张、单面打印、左侧装订一份宣传手册的样本。

解决方案： 本案例为政府机构的正式文件。所以排版时，小强首先需要严格查阅文件编写规范；其次可以运用本节所学的长文档排版、目录生成以及文档打印预览的相关知识来完成。

宣传手册的排版设计

操作步骤如下。

步骤 1：打开本案例文档素材，设置页边距（上下边距为 2.5 厘米，左右边距为 3 厘米）。

步骤 2：设置标题"大学生创业宣传手册"文字格式为黑体、初号、加粗、居中；然后，分别在标题段前空 3 行、段后空 7 行。

步骤 3：选中正文文本字体，设置文字格式为宋体、小四号。段落设置首行缩进为 2 字符，行距为 1.5 倍行距。

步骤 4：执行【开始】|【样式】命令，设置标题 1 格式：文字格式为黑体、小二号；段落格式如图 3-83 所示。将文档中标题一、二、三……设置为标题 1。

步骤 5：在【开始】组中，设置标题 2（文字格式为宋体、四号）；段落格式如图 3-83 所示。将标题（一）、（二）、（三）……设置为标题 2，效果如图 3-84 所示。

图 3-83 【段落】对话框　　　　　　　　　图 3-84 标题样例

步骤 6：插入页码。单击【插入】|【页眉和页脚】|【页码】下拉菜单，选择【页面底端】选项框的"X/Y"，并居中对齐。

步骤 7：插入页眉。在页眉处输入大学生创业宣传手册，单击【关闭页眉和页脚】按钮，效果如图 3-85 所示。

步骤 8：插入目录。将插入点移至正文上部，选择【引用】|【目录】的下拉菜单，选中【自动目录 1】，将"目录"二字改为黑体、居中对齐，并调整目录下正文内容，使其在新的一页，效果如图 3-86 所示。

步骤9：插入分节符。将插入点移至目录页下端，执行【页面布局】|【页面设置】|【分隔符】|【连续】命令，添加一个连续的分节符，如图3-87所示。

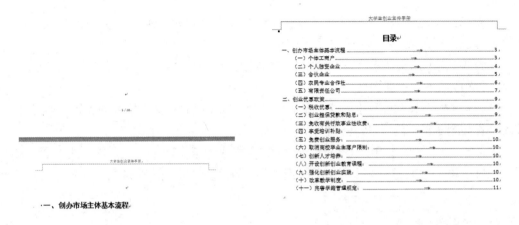

图3-85　页眉设置效果　　　　　　　　图3-86　目录设置效果

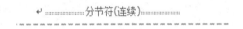

图3-87　分节符效果

步骤10：选中封面页的页眉和页码，分别将【设计】和【导航】命令中的【链接到前一条页眉】取消勾选。删除封面页的页眉和页码。选中正文第一页的页码，单击【页码】下拉菜单，执行【设置页码格式】命令，设置起始页码的数值为"1"。

步骤11：选中目录，执行【更新目录】命令，在弹出对话框中选择【更新整个目录】。

步骤12：选择【文件】|【打印预览】并进行设置，单击【打印】按钮，完成打印工作。

知识延展

Word 域：是 Word 中的一种特殊命令，它由花括号、域名（域代码）及选项开关构成。域代码类似于公式，域选项开关是特殊指令，在域中可触发特定的操作。在用 Word 处理文档时若能巧妙应用域，会给我们的工作带来极大的方便。特别是制作理科试卷时，有着公式编辑器不可替代的优点。

Word 中的宏：在 Microsoft Word 中反复执行某项任务，可以使用宏自动执行该任务。宏是一系列 Word 命令和指令，这些命令和指令组合在一起，形成了一个单独的命令，以实现任务执行的自动化。

第 3 章
Word 2010 文字处理软件

本章总结

本章以 Word 2010 为例，结合案例介绍了 Word 的用途、文档的基本操作和文本编辑、表格操作、图文混排的方法、长文档的编辑与管理方法，帮助读者具备选项卡设置、通知的编辑和格式设置、个人的简历制作以及宣传手册的制作能力，创建具有专业水准的文档。

关键词

页面布局，文本编辑，表格操作，图文混排，长文档的编辑与管理

本章习题

【选择题】

1. 从 Word 2007 版本开始，Word 的文件格式已更新为_____格式，增强了对.xml 的支持性和数据管理效率，并减小文档占用的内存。
   A．doc   B．pptx   C．docx   D．ppt
2. 删除插入点后面的文字：按_____键。
   A．Ctrl   B．Delete   C．Alt   D．Enter
3. _____是指作为文本输入的汉字、字母、数字、标点符号和特殊符号。
   A．段落   B．符号   C．公式   D．字符
4. Word 2010 中默认的纸张大小为_____，即宽度 21cm，高度 29.7cm。
   A．A4   B．A5   C．B4   D．B5
5. _____是一种可以保留修改过程痕迹的模式，需要跟踪 Word 文档的所有修改，并了解修改的过程时，可启用该功能。
   A．题注   B．注释   C．修订   D．批注

【填空题】

1. 在文件中插入图片，可以选用 Office 自带的_____，也可以选用自己拍摄或绘制的图片。插入图片和 Word 可以对图片进行修正色彩、调整明暗和美化等操作。
2. 文本框中的文字排列方向分为_____和_____两种类型。
3. _____是一种可以为文档中的图表、公式、表格等对象添加的编号标签。

【判断题】

1. 页面视图是 Word 系统默认视图，是编辑文档时最常用的视图。（   ）
2. Word 2010 中 5 种文档视图：页面视图、阅读版式视图、Web 版式视图、大纲视图和草稿视图，作用各不相同。（   ）
3. 默认情况下，绘制的图形处于文字层下方。（   ）

4. 修订内容不是文档的一部分。　　　　　　　　　　　　　　　　（　　）

【简答题】

1. Word 的用途以及功能有哪些？

2. 请问 Word 2010 中有几种文档视图？并进行简要说明。

【技能题】

1. 裁剪特殊形状的图片：可以让版面更加生动活泼，还可以裁剪各种形状的图片。

操作引导：

（1）选取文档中的图片。

（2）执行【裁剪】按钮的下拉菜单，选择【裁剪为形状】命令，选择图形。

2. 让图片的颜色更鲜艳：Word 中提供了许多调整图片色彩的功能，如调整图片的明暗、清晰度、色彩饱和度等。

操作引导：

（1）选取文档中的图片。

（2）打开【图片工具】|【格式】菜单栏的【调整】组，执行【颜色】命令。

推荐阅读

1. 周庆麟，周奎奎. 精进 Word：成为 Word 高手[M]. 北京：北京大学出版社，2019.

2. 刘小平. 论文排版实用教程：Word 与 LaTeX[M]. 北京：清华大学出版社，2015.

第 4 章 Excel 2010 电子表格处理软件

【学习目标】

1. 了解工作簿和工作表的基本操作。
2. 掌握数据的组织、计算和分析。
3. 熟悉图表的数据表现方法。
4. 熟练掌握排序、筛选等数据管理方法。

【建议学时】

8~10 学时。

【思维导图】

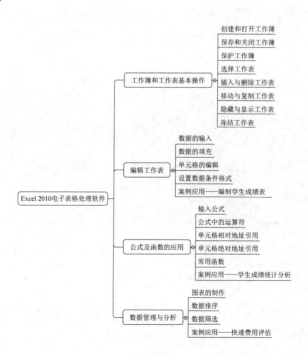

4.1 工作簿和工作表基本操作

引言

Excel 2010 是 Office 2010 套装软件中的电子数据表格处理软件,具有强大的数据编辑与处理能力。Excel 文档就是一个工作簿,一个工作簿由多个工作表组成,工作簿借助工作表进行数据的存储和处理,因此学习 Excel 需要首先了解工作簿和工作表的一些基础操作。

故事导读

算器文物《算表》

《算表》是古代一种实用的算器文物,约形成于公元前 305 年战国时期。《算表》的发现是中国数学史乃至世界数学史上的一项重大发现,也使战国时期成为中国数学史的第一个高峰时期。

《算表》由 21 支长约 43.5 厘米、宽约 1.2 厘米的竹简组成,简上划有横格,格间写有数字,刚好构成一个约为半张报纸大小的矩阵。《算表》的 21 支竹简组成一个 20 行、20 列的十进制乘法表,该表分为乘数和被乘数个位、十位区。通过《算表》可以对两位数字进行乘法和除法运算,还能够计算包含特殊分数"半"的两位数乘法。《算表》示例见图 4-1。

1/2	1	2	3	4	5	6	7	8	9	10	20	30	40	50	60	70	80	90		
45	90	180	270	360	450	540	630	720	810	900	1800	2700	3600	4500	5400	6300	7200	8100	•	90
40	80	160	240	320	400	480	560	640	720	800	1600	2400	3200	4000	4800	5600	6400	7200	•	80
35	70	140	210	280	350	420	490	560	630	700	1400	2100	2800	3500	4200	4900	5600	6300	•	70
30	60	120	180	240	300	360	420	480	540	600	1200	1800	2400	3000	3600	4200	4800	5400	•	60
25	50	100	150	200	250	300	350	400	450	500	1000	1500	2000	2500	3000	3500	4000	4500	•	50
20	40	80	120	160	200	240	280	320	360	400	800	1200	1600	2000	2400	2800	3200	3600	•	40
15	30	60	90	120	150	180	210	240	270	300	600	900	1200	1500	1800	2100	2400	2700	•	30
10	20	40	60	80	100	120	140	160	180	200	400	600	800	1000	1200	1400	1600	1800	•	20
5	10	20	30	40	50	60	70	80	90	100	200	300	400	500	600	700	800	900	•	10
4.5	9	18	27	36	45	54	63	72	81	90	180	270	360	450	540	630	720	810	•	9
4	8	16	24	32	40	48	56	64	72	80	160	240	320	400	480	560	640	720	•	8
3.5	7	14	21	28	42	49	56	63	70	140	210	280	350	420	490	560	630	•	7	
3	6	12	18	24	30	36	42	48	54	60	120	180	240	300	360	420	480	540	•	6
2.5	5	10	15	20	25	30	35	40	45	50	100	150	200	250	300	350	400	450	•	5
2	4	8	12	16	20	24	28	32	36	40	80	120	160	200	240	280	320	360	•	4
1.5	3	6	9	12	15	18	21	24	27	30	60	90	120	150	180	210	240	270	•	3
1	2	4	6	8	10	12	14	16	18	20	40	60	80	100	120	140	160	180	•	2
0.5	1	2	3	4	5	6	7	8	9	10	20	30	40	50	60	70	80	90	•	1
0.25	0.5	1	1.5	2	2.5	3	3.5	4	4.5	5	10	15	20	25	30	35	40	45	•	1/2

图 4-1 《算表》示例

《算表》说明我国在战国时期已经建立了发达的理论数学和实用数学,它是世界上最早的十进制乘法表文物。

4.1.1　创建和打开工作簿

Excel 软件强大的数据处理能力是基于工作簿完成和实现的，可以说工作簿是 Excel 的载体。如果我们要在一个新的工作簿上进行操作，那么首先需要创建工作簿。

创建新的 Excel 工作簿有多种方法，最简单的是直接启动 Excel 2010 主程序，系统会自动建立一个新工作簿；还可以在已经打开的工作簿中，通过选择【文件】|【新建】命令，从中选择想要创建的模板类型，双击则可创建工作簿，如图 4-2 所示。

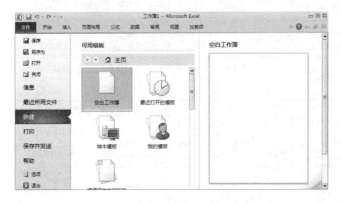

图 4-2　新建工作簿

在使用 Excel 处理数据的时候，经常需要打开多个已有的工作簿进行输入和编辑。在 Excel 软件打开的情况下，打开工作簿的操作步骤如下。

（1）单击【文件】|【打开】命令，或按 Ctrl+O 组合键，调出【打开】对话框。

（2）通过文件夹位置、文件类型等查找文件。

（3）选中要打开的工作簿文件，单击【打开】按钮。

还有一个更为便捷的方法是直接双击待打开的 Excel 工作簿，也可以启动 Excel 2010 将其打开。

4.1.2　保存和关闭工作簿

与一般的操作类或功能型软件一样，使用 Excel 软件编辑完工作簿后，需要将工作簿保存并关闭，根据需要生成相应的结果文件。根据工作簿创建情况，工作簿的保存分以下两种情况进行说明。

1.　保存已有工作簿

单击【保存】按钮或单击【文件】|【保存】命令，即可保存编辑后的工作簿，原工作簿被覆盖。如果不想覆盖原工作簿，则单击【文件】|【另存为】命令，出现【另存为】对话框。

常见的 Excel 表格类型见表 4-1。

表 4-1 常见的 Excel 表格类型

类型	格式	扩展名	说明
Excel 文件格式	Excel 工作簿	.xlsx	Excel 2010 和 Excel 2007 默认的基于 XML 的文件格式，不能存储 VBA 宏代码或宏工作表
	Excel 工作簿（代码）	.xlsm	Excel 2010 和 Excel 2007 基于 XML 和启用宏的文件格式
	Excel 97-2003 工作簿	.xls	Excel 97-2003 二进制文件格式（BIFF8）
	Excel 加载项	.xlam	Excel 2010 和 Excel 2007 基于 XML 和启用宏的加载项格式
	Excel 97-2003 加载宏	.xla	Excel 97-2003 加载项，即设计用于运行其他代码的补充程序，支持使用 VBA 宏代码
文本文件格式	文本（以制表符分隔）	.txt	以制表符分隔的文本文件
	Unicode 文本	.txt	将工作簿另存为 Unicode 文本，遵守 Unicode 字符编码标准
	CSV（以逗号分隔）	.csv	以逗号分隔的文本文件
其他文件格式	OpenDocument 电子表格	.ods	OpenDocument 电子表格
	PDF	.pdf	可移植文档格式（PDF）。此文件格式保留文档格式并允许文件共享，不会轻易更改文件中的数据

2．保存新建工作簿

如果工作簿是新建的，单击【文件】|【保存】命令或【另存为】命令都会打开【另存为】对话框，对文件进行保存。

工作簿操作基本过程还有一个就是关闭，这是一个无论是 Office 软件还是其他程序软件都会涉及的过程。当保存完工作簿后，如不需要，则可关闭文件。以下几种方法都可以快捷地关闭文件。

方法 1：单击【文件】|【关闭】命令将当前工作簿关闭；如果单击【退出】命令，则退出 Excel 软件。

方法 2：单击 Excel 2010 窗口右上角的【关闭】按钮。

方法 3：按 Ctrl+F4 组合键将工作簿关闭；按 Alt+F4 组合键将 Excel 软件退出。

4.1.3 保护工作簿

当使用工作簿存储大量保密或涉密数据的时候，出于安全考虑，需要将工作簿进行保护设置。根据用户的使用权限，设计用户对工作簿的操作范围，保护工作簿可以具体到限制文件的打开、文件的编辑、单元格处理等各方面。

具体方法是在要保护的工作簿中，单击【文件】|【信息】命令，选择【保护工作簿】中的保护选项，用户可以根据情况对工作簿进行保护权限设置，如图 4-3 所示。

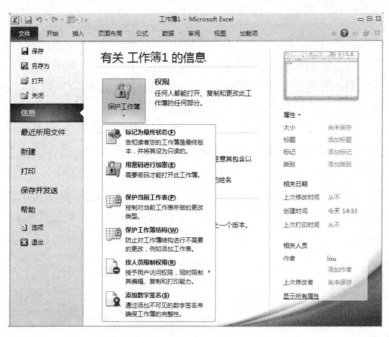

图 4-3　工作簿的保护设置

根据实际中电子表格的保护需求，设计用户对工作簿的权限。保护工作簿常用以下几种类型。

1. 标记为最终状态

此时文档设为只读，将禁用或关闭输入、编辑命令和校对标记，此时电子表格只可以看，不可以编辑。

2. 用密码进行加密

根据实际需要，为工作簿文档设置密码。密码加密过的工作簿在打开前，会显示【加密文档】对话框。在【密码】框中输入正确密码方可打开工作簿，不输入或是输入错误都无法打开工作簿。特别重要的是 Excel 不能找回丢失或忘记的密码，因此密码要妥善保存。

3. 保护当前工作表

通过设置密码，保护工作表及锁定单元格，使工作表、单元格不会被其他用户选择、格式化、插入、排序或编辑。

4. 保护工作簿结构

通过设置密码保护工作簿的结构。通过使用【保护工作簿结构】功能，可以阻止用户更改、移动和删除重要数据，如无法删除或插入工作表。

4.1.4 选择工作表

在对大量数据进行处理的时候，用户可以根据一些关键条件进行数据筛选而将结果数据保存在不同的工作表中进行处理，所以通常情况下一个工作簿中会建立多个工作表。当需要对某一个工作表进行编辑的时候，往往需要先选择这个工作表。

对工作表进行选择，可以分为以下几种情况。

（1）选择一个工作表。在工作表标签中，单击要选择的工作表即可。

（2）选择两个或多个连续相邻的工作表。在工作表标签中，首先选中左侧（右侧）第一个工作表，然后按住 Shift 键，单击右侧（左侧）最后一个工作表。

（3）选择多个不相邻的工作表。在工作表标签中，单击选中第一个工作表，然后按住 Ctrl 键，依次选中要选择的工作表。如果工作表被选择了，则工作表标签背景是白色，如图 4-4 所示。

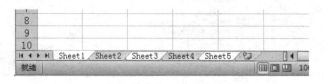

图 4-4 多个不相邻工作表的选择

4.1.5 插入与删除工作表

在默认情况下，一个新建的工作簿共包含三个工作表。当要处理的数据非常多而三个工作表无法满足需求的时候，用户需要创建更多的工作表。在 Excel 2010 中，一个工作簿最多可以包含 255 个工作表。在 Excel 2010 中，可以使用如下这些方法快速增添工作表。

方法 1：选定一个工作表作为当前工作表，单击【开始】选项卡【单元格】组中【插入】按钮的向下箭头，在下拉菜单中选择【插入工作表】命令，则可在选定的工作表左侧插入新的工作表。

方法 2：在工作表标签区域右击，会弹出一个如图 4-5 所示的快捷菜单。选择【插入】命令，弹出【插入】对话框（见图 4-6）。可选择不同的模板来建立一个新的工作表，工作表建在被选定的工作表左侧。

方法 3：单击工作表标签区域最后的【插入工作表】按钮，即可在后面插入一个工作表。

图 4-5 快捷菜单

图 4-6 【插入】对话框

对于没有用处的工作表,可采用如下方法将其删除。

方法 1:选择将要删除的工作表,单击【开始】选项卡【单元格】组中【删除】按钮的向下箭头,在下拉菜单中选择【删除工作表】命令。

方法 2:在工作表标签区域,右击要删除的工作表,选择【删除】命令。

4.1.6 移动与复制工作表

通过在 Excel 工作簿中创建多个工作表,可以很好地处理和管理数据。当工作簿中存在多个工作表时,经常需要调整工作表的排列顺序。Excel 2010 可以灵活地编辑工作表,如果需要移动或复制工作表,可采取如下快捷方法。

方法 1:选择要移动或复制的工作表,选择【开始】选项卡【单元格】组中的【格式】按钮的向下箭头,在下拉菜单中选择【移动或复制工作表】命令,打开如图 4-7 所示的对话框。在对话框中,可以选择工作表要移动的位置。如果勾选【建立副本】复选框,则会同时实现工作表的移动和复制;如果不勾选【建立副本】复选框,则仅实现工作表移动。

图 4-7 【移动或复制工作表】对话框

方法 2：在工作表标签区域，右击选择要操作的工作表，在弹出的快捷菜单里选择【移动或复制】命令，同样可以打开【移动或复制工作表】对话框。

4.1.7 隐藏与显示工作表

由于工作表具有很好的数据存储能力，所以在进行数据分析的时候，很多工作表都存储了大量的过程数据。为了工作簿的整洁和美观，更为了展示分析结果的时候突出重点，当工作表特别多的时候需要将暂时没用的工作表隐藏。

1. 隐藏工作表

在 Excel 2010 软件中，隐藏工作表的简单方法如下。

方法 1：选中要隐藏的工作表，单击【开始】选项卡【单元格】组中的【格式】按钮的向下箭头，在下拉菜单中选择【隐藏和取消隐藏】命令，在弹出的子菜单中选择【隐藏工作表】命令。

方法 2：在工作表标签区域，右击选择要操作的工作表，在弹出的快捷菜单里选择【隐藏】命令。

2. 显示工作表

显示工作表与隐藏工作表的操作正好相反，方法如下。

方法 1：单击【开始】选项卡【单元格】组中的【格式】按钮的向下箭头，在下拉菜单中选择【隐藏和取消隐藏】命令，在弹出的子菜单中选择【取消隐藏工作表】命令，会打开一个【取消隐藏】对话框，从中选择要显示的工作表，如图 4-8 所示。如果子菜单中【取消隐藏工作表】命令无法选择，则说明当前工作簿中没有工作表被隐藏。

图 4-8 【取消隐藏】对话框

方法 2：在工作表标签区域，单击鼠标右键，在弹出的快捷菜单里选择【取消隐藏】命令，同样可以打开【取消隐藏】对话框。

4.1.8 冻结工作表

基于 Excel 不同的版本，工作表中的最大行数和列数不同。Excel 2010 中每个工作表具有 1048576 行、16384 列。通常工作表内存储的数据较多,当移动垂直滚动条查看数据时,用户因看不到标题行而无法理解工作表下方的数据内容,可以采用冻结工作表的方法解决这类问题。

　　冻结工作表的具体方法是单击【视图】选项卡【窗口】组中的【冻结窗格】按钮的向下箭头,在弹出的下拉菜单中会实现如下三种冻结功能。

　　(1)冻结首行,工作表首行下方会出现一条黑线。滚动工作表时,首行数据可见。

　　(2)冻结首列,工作表首列右侧会出现一条黑线。滚动工作表时,首列数据可见。

　　(3)冻结拆分窗格,当前选择的单元格的上方和左侧各出现一条黑线。滚动工作表时,当前选择的单元格上方及左侧数据可见。图 4-9 给出针对 C2 单元格,执行冻结拆分窗格功能后的数据查看效果。

图 4-9　冻结拆分窗格效果

4.2　编辑工作表

引言

　　Excel 2010 具有许多独立的表格,可以存储大量不同类型但有关联的数据,这样不仅可以方便整理数据,还可以方便查找和应用数据。Excel 2010 凭借强大的数据编辑能力,广泛地应用于财会、贸易、审计等金融和统计领域,可用于企事业员工的考勤、月工资的核算、销售数据计算等工作。

故事导读

你真的能"熟练操作Office办公软件"吗？

随着Office办公软件的广泛使用，现在很多求职者在简历中的计算机技能一项，都写成"熟练操作Office办公软件"或者是"熟练使用Excel、Word、PPT等"。这样的写法对于不熟悉Office办公软件的人员看来，觉得还可以；但对于了解Office办公软件的人员来说，属于夸大其词。

你真的能"熟练操作Office办公软件"吗？

首先，自问一下Office办公软件都有哪些呢？Office办公软件家族其实很庞大，典型的办公软件包Word、Excel、PowerPoint和Outlook。除此之外，微软Office办公软件还包括关系数据库管理系统（Access）、统一通信应用程序（Communicator）、网页制作（FrontPage）、信息收集程序（InfoPath）、数字笔记本（OneNote）、项目管理工具（Project）、桌面出版应用软件（Publisher）、流程图和矢量绘图软件（Visio）等。求职者能够说出整套Office软件的人还是少数啊，他们真的能"熟练操作Office办公软件"吗？

其次，"针对一个Office办公软件，具体掌握多少算是熟练掌握呢？"Office家族中每一个软件都是博大精深的。以Excel软件为例，其可实现表格制作、函数定义、宏与VBA开发、透视表和图表制作等功能。每个方面都内容丰富、操作力强，需要花大量时间学习和实践才能掌握。尤其要使用Excel中的宏与VBA开发进行大数据处理和分析方面的工作，还需要用户具有一定的编程能力和数学基础。不要以为会几个操作就是熟练操作Excel了，慢慢在实际工作中去学习Office的强大功能吧！

计算机已经普及到我们工作、生活的各个方面，上班族只要一打开计算机，大部分工作都需要使用办公软件。面对Office办公软件强大的功能，我们仍是"新人"，还是边用、边学比较靠谱！

4.2.1 数据的输入

如果要实现大量数据的存储和处理，那么数据的输入是最基本、最首要的工作。在Excel 2010中输入数据时，首先单击选定单元格，然后从键盘直接输入，输入的数据会同时显示在选定单元格和编辑栏中。通过编辑栏可以对数据进行填写和修改，还可以依需要编辑复杂的公式。

1. 文本的输入

文本的输入是指字符串的输入，字符串由英文字母、汉字、数字或其他符号等组成，一个单元格最多能容纳 32767 个字符。在工作簿的使用中，可以根据需要调整文本在单元格中的对齐方式。在默认状态下，单元格中所有的字符数据都是靠左对齐。常见的文本数据类型分为如下几种。

（1）文字，如"学校""学生""姓名""性别"等。

（2）全部由数字组成的字符串，如电话号码、邮政编码等。为了与数值型数据区分，编写该类字符串时，需要在数字前添加英文单引号（如：'110136）。

（3）字符串中间或后边有其他非数字字符，则可直接输入（如：024-62258100）。

2. 数值的输入

数值型的数据是由数字（0~9）、正负号（+、-）、小数点（.）等构成的具体数值。一般数值可直接输入到单元格中，默认右对齐。数值的输入有如下规则。

（1）若输入的数值为正，则省略正号直接输入。

（2）若输入的数值为负，则需要在数值前加上负号或者用括号来代替负号。

（3）若单元格显示的内容为科学记数法（如：3.54E+11），那么说明输入的数据太长，单元格无法正常显示。若想显示完整的数值，就需要增大单元格的列宽。

（4）若输入的数值为小数，则通过调节小数位数来控制数值的精度。

（5）若输入的是分数（如：1/3），则需要在单元格中依次输入 0 1/3（0 与 1 之间有一个空格）；若输入的是 1/3，则系统会认为是日期类型，即 1 月 3 日。另外，还可以直接在编辑栏里输入"=1/3"，同样可以在单元格里面输入分数。

3. 日期和时间输入

日期和时间的输入有以下的规则。

（1）在输入日期时，需加"/"或"-"符号；如输入当前日期，可直接按 Ctrl+";"组合键。

（2）在输入时间时，需加":"符号；如输入当前时间，可直接按 Ctrl+Shift+";"组合键。

（3）在同一个单元格中，可以同时输入日期和具体的时间，仅需要在日期和时间之间加入一个或多个空格。

（4）日期和时间的输入，默认是右对齐的方式。

4.2.2 数据的填充

面对大量的数据输入，选定单元格——进行键盘输入无疑是一项巨大而繁重的工作，耗时而又容易出错。针对一些有规律的数据输入，Excel 2010 提供了智能的填充功能，可以快速地实现规律数据的输入。

1. 连续单元格有序数据的填充

在连续的单元格中，编号、序号、星期等有序数据输入时可采用拖动的方法在区域内快速地创建，具体步骤如下。

步骤 1：将要输入的有序数据的前 1 或 2 个输入到工作表中，数据的单元格相邻。

步骤 2：选定已输入数据的单元格，被选中区域的右下角会出现黑色小方块即【填充柄】，按住【填充柄】并拖动到填充区域的最后一个单元格，松开左键，完成有序数据的输入。

步骤 3：如果通过一个数据的输入实现快速输入，则输入后右下角会出现【自动填充选项】。【自动填充选项】包括【复制单元格】、【填充序列】、【仅填充格式】、【不带格式填充】等，根据需要进行选择，如图 4-10 所示。

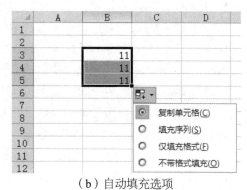

（a）数据输入　　　　　　　　　　（b）自动填充选项

图 4-10　有序数据的填充

2. 不连续单元格相同数据的输入

在工作表输入数据的时候，经常会出现位置不相邻的单元格要输入相同的数据。为了提高数据录入的效率，可采用如下步骤。

步骤 1：按住 Ctrl 键的同时，用鼠标左键选择工作表中要录入数据的单元格。

步骤 2：在最后选定的单元格中输入数据，并按住 Ctrl 键的同时，按 Enter 键确定输入的数据，操作效果如图 4-11 所示。

	A	B	C	D	E	F	G
1		星期一	星期二	星期三	星期四	星期五	
2	第1节	数学			数学		
3	第2节		数学	数学		数学	
4	第3节						
5	第4节						
6							

（a）选择单元格区域

图 4-11　不连续位置的相同数据输入

	A	B	C	D	E	F	G
1		星期一	星期二	星期三	星期四	星期五	
2	第1节	数学	语文	语文	数学	语文	
3	第2节	语文	数学	数学	语文	数学	
4	第3节						
5	第4节						
6							

(b)输入数据

图 4-11　不连续位置的相同数据输入（续）

4.2.3　单元格的编辑

在工作簿中，行和列的交叉处称为单元格，是存储数据和进行运算的最基本单位。单元格以行号和列号作为它的标识，称单元格地址。单元格的编辑包括单元格中数据的修改、复制、移动、插入和删除等操作。

1．单元格选定

根据单元格范围的不同，选定单元格分为如下几种情况。

（1）如要选定单个单元格，最简单的方法就是单击要选的单元格；还可以利用键盘上的方向键移动，或利用名称框确定单元格位置。

（2）如要选定单元格区域，则单击要选择区域任一角的单元格，然后拖动鼠标至另一对角处，松开鼠标，则对角线确定的矩形区域则是被选中的区域。

（3）如要选定不连续单元格，则按住 Ctrl 键的同时，单击要选择的单元格或是选定单元格区域。

（4）如要选定整行或是整列，则单击要选择行的行号或要选择列的列号。

（5）如要选定整个工作表，则单击行列标交汇处即可。

2．修改单元格数据

修改单元格中的数据常用如下三种方法。

方法 1：单击要修改的单元格，重新输入单元格数据。

方法 2：双击要修改的单元格，可修改单元格内的数据。

方法 3：单击要修改的单元格，通过编辑框进行数据修改。

3．复制单元格数据

复制单元格中数据的方法很多，主要有如下两种常用的方法。

方法 1：鼠标左键拖动。首先选定要复制的单元格，然后移动鼠标到单元格的边框使指针变成四向箭头，按住 Ctrl 键和鼠标左键，拖动鼠标到目标位置，然后松开 Ctrl 和鼠标左键即可完成复制过程。

方法 2：复制粘贴。选定要复制的单元格区域，选择【编辑】|【复制】命令或是 Ctrl+C 组合键进行复制，移动鼠标选定目标单元格，选择【编辑】|【粘贴】命令或是 Ctrl+V 组合键进行粘贴。

4. 插入和删除行、列

对于数据的输入，经常需要在原数据中插入一行、一列或多行、多列，因为插入行、列是非常重要的操作。在 B 列与 C 列之间插入一列用于存储新的数据的步骤如下。

步骤 1：选中 C 列。

步骤 2：单击鼠标右键弹出快捷菜单，选择【插入】命令，则插入一空列，原 C 列及右侧数据往右移一列，操作效果如图 4-12 所示。

	A	B	C	D	E	F
1	学号	姓名	班级	语文	数学	英语
2	210101	袁伟	一年一班	91.5	89	94
3	210102	刘刚	一年一班	93	99	92
4	210103	李勇	一年一班	102	116	113
5	210104	何灵	一年一班	99	98	101
6	210105	何静	一年一班	101	94	99
7	210106	王刚	一年一班	100.5	103	104
8	210107	赵丽	一年一班	78	95	94
9	210108	郭小林	一年一班	95.5	92	96

（a）选中区域

	A	B	C	D	E	F	G
1	学号	姓名		班级	语文	数学	英语
2	210101	袁伟		一年一班	91.5	89	94
3	210102	刘刚		一年一班	93	99	92
4	210103	李勇		一年一班	102	116	113
5	210104	何灵		一年一班	99	98	101
6	210105	何静		一年一班	101	94	99
7	210106	王刚		一年一班	100.5	103	104
8	210107	赵丽		一年一班	78	95	94

（b）插入一列

图 4-12　工作表中插入一列

插入行的方法与插入列的方法相似。如果想在第三行位置插入空行用于存储数据，则选中第三行，然后单击右键，选中【插入】命令，则在第三行上方插入空行，原第三行及以后数据下移一行。

如果想插入多列，则开始时就选中多列。插入行与插入列步骤相同，选中后通过【插入】命令即可插入。如果要删除行或列，则选中区域，在鼠标右键的快捷菜单里面选择【删除】命令。

5. 插入和删除单元格

插入和删除单元格也是单元格编辑中经常遇到的问题，其操作步骤过程如下。

步骤 1：选中待编辑位置。

步骤2：单击鼠标右键，在快捷菜单中选择【插入】或【删除】命令，调出相应功能的对话框，如图4-13所示。

（a）【插入】对话框

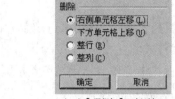
（b）【删除】对话框

图4-13 对单元格的插入和删除操作

步骤3：在【插入】或【删除】对话框中，根据需要选择相应的单元格处理方式，选择后单击【确定】按钮完成操作。

6. 设置单元格格式

Excel 2010在单元格中创建数据的时候，会根据数据类型设有系统默认的格式，也可以根据需要更改单元格格式。选定要设置的单元格区域，单击鼠标右键，选择【设置单元格格式】命令，会弹出如图4-14所示的对话框，该对话框主要功能如下。

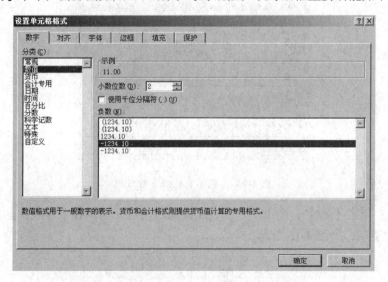

图4-14 【设置单元格格式】对话框

（1）【数字】选项卡：针对数值、日期、百分比、文本等不同类型数据，设置数据的显示方式。

（2）【对齐】选项卡：定义数据的格式，包括设置数据的对齐方式、换行、单元格合并、文字方向等。

（3）【字体】选项卡：定义数据的字体，可以设置数据的字体、字形、字号、下划线、字体颜色、效果等。

（4）【边框】选项卡：定义选定单元格区域的边框，包括设置边框组成、线条的样式和颜色等。

（5）【填充】选项卡：定义选定单元格区域的填充效果，包括设置单元格区域的背景颜色和图案样式。

（6）【保护】选项卡：定义单元格区域的保护，包括锁定和隐藏。

7. 设置数据有效性

在实际工作中，有些数据是有固定的数据范围，比如性别、部门、学校等，对于这样的数据可利用数据有效性进行输入，具体步骤如下。

步骤1：选中要输入数据的区域，单击【数据】选项卡【数据工具】组中的【数据有效性】按钮的向下箭头，在下拉菜单中选择【数据有效性】命令，打开【数据有效性】对话框。

步骤2：根据需要，将有效性条件中的数据类型改成"序列"，然后在来源中输入数据的取值范围，数据之间用英文逗号间隔，如图4-15所示。

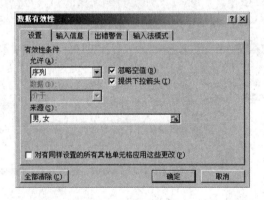

图4-15 【数据有效性】对话框

步骤3：单击【确定】按钮，即可完成数据的设置，用户在工作表中通过选择即可完成数据的填写，如图4-16所示。

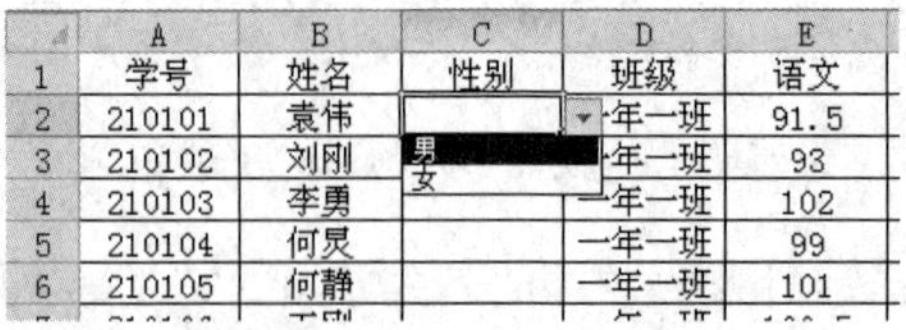

图4-16 序列数据选取

4.2.4 设置数据条件格式

当数据量非常大的时候，为了方便数据的查找，也为了方便对比数据之间的关系，Excel 2010 提供了数据的条件格式设置功能，用户可以根据自己的规则对数据进行格式上的设计，充分展现数据之间的差异。

设置数据条件格式的具体方法为：选择要分析的数据范围，单击【开始】选项卡【样式】组中【条件格式】按钮的向下箭头，在下拉菜单中根据需要选择数据条件格式，数据条件格式类型见表 4-2。

表 4-2 数据条件格式类型

类型	说明
突出显示单元格规则	根据数据大小关系进行数据的格式设计
项目选取规则	依项目需求进行数据比较，如提取高于平均值的数据
数据条	根据数据的大小，以百分比颜色填充形式展现
色阶	以双色或三色渐变形式展现数值关系
图标集	根据数值范围给定对应的图标

4.2.5 案例应用——编制学生成绩表

编制学生成绩表

在期末考试结束后，老师首先需要审核学生试卷，然后需要编制学生成绩表，对学生期末考试成绩进行汇总。班主任孟老师目前要制作一个"1 年级 6 班期末考试"工作簿，汇总学生成绩，并将小于 60 的成绩进行标注。学生成绩见表 4-3。

表 4-3 学生成绩

学号	姓名	性别	数学	语文	英语
810035001	郝芳	男	80	71	76
810035002	姜楠	男	77	72	90
810035003	杜洋	男	82	66	78
810035004	王强	男	90	74	59
810035005	赵婷	女	84	70	80
810035006	刘刚	女	54	76	81
810035007	何丽	女	100	90	55

解决方案：利用 Excel 工作表，实现数据的编辑。

操作步骤如下。

步骤 1：启动 Excel 2010 程序，创建一个新工作簿。

步骤 2：将工作簿保存，在弹出的【另存为】对话框中输入文件名"1 年级 6 班期末考试"，文件格式"选择 Excel 97-2003 工作簿"。

步骤 3：选定第一行单元格，依次输入列标题学号、姓名、性别、数学、语文、英语。

步骤 4：在单元格 A2 位置，输入数值型数据 810035001。

步骤 5：单击单元格 A2 右下角的【填充柄】，并拖动到 A8 区域，将【自动填充选项】更改为【填充序列】，即完成学号的输入，如图 4-17 所示。

图 4-17　学号序列填充

步骤 6：在单元格 B2：B8 区域内，依次输入学生姓名。

步骤 7：选中单元格 C2：C8 区域，调出【数据有效性】对话框，并设置性别有效数值，根据学生情况进行编辑，如图 4-18 所示。

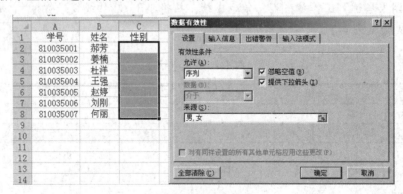

图 4-18　性别数据定义

步骤 8：分别在 D、E、F 列，依次输入学生的数学、语文、英语成绩。

步骤 9：将数据居中对齐，并绘制表格框线。为了突出标题，将第一行字体加粗并填充背景颜色，格式命令选取如图 4-19 所示。

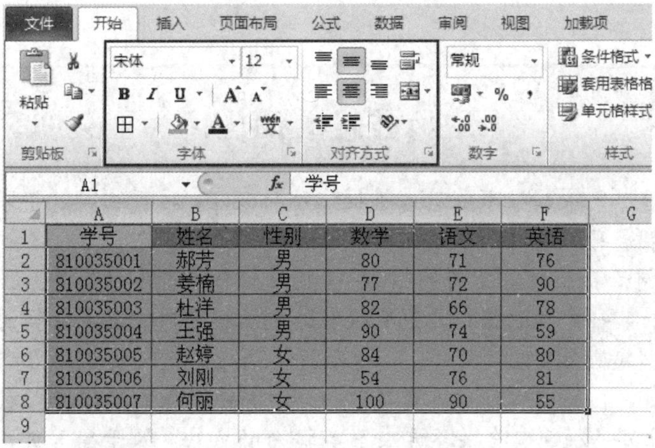

图 4-19 定义数据显示格式

步骤 10：选中单元格 D2：F8 区域，通过如下条件格式的设置，将小于 60 的成绩进行标注，如图 4-20 所示。

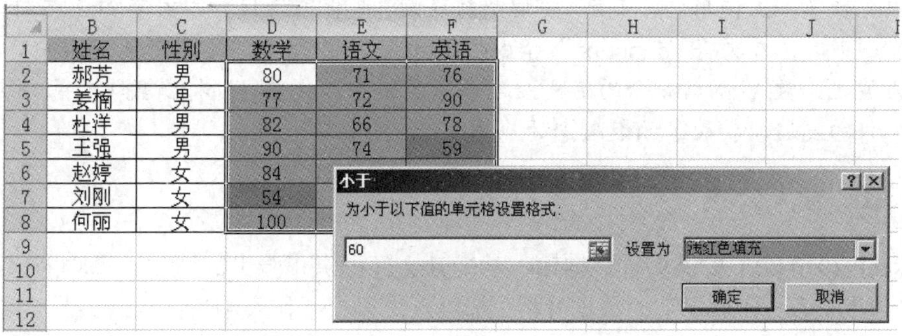

图 4-20 数据条件格式的设置

4.3 公式及函数的应用

引言

Excel 2010 除了能够方便地编辑大量数据外，还能够实现各种实际需要的数据计算。使用 Excel 自带的公式和函数可以提高数据的处理速度，简化用户的数据处理工作。本节将学习公式及函数的作用及使用方法。

▶ 故事导读 ◀

函数发展简史

17世纪，德国数学家莱布尼茨最早提出函数概念，后经法国数学家柯西、德国数学家高斯等人的不断完善。

1821年，柯西将函数定义为："在某些变数间存在着一定的关系，当一经给定其中某一变数的值，其他变数可随之而确定时，则将最初的变数叫自变量，其他各变数叫函数。"柯西对于函数的定义类似现在课本中的函数定义，首次出现了"自变量"一词，并明确了自变量和函数的关联。课本中另一种用集合关系定义函数概念的方法，源于德国数学家康托尔的集合论。

函数发展简史

1833年至1834年，高斯基于物理学将函数定义为："如果一个量依赖着另一个量，当后一量变化时前一量也随着变化，那么第一个量称为第二个量的函数。"该定义将变化和运动引入到函数中，是函数定义的明显进步。

中文数学书上使用的"函数"一词是转译词，是我国清代数学家李善兰在翻译《代数学》一书时，首次将"function"译成"函数"，书中写到"凡此变数中函彼变数者，则此为彼之函数"。函数概念的定义经过多年的锤炼和变革，终将以数学为基础，并随其他学科的发展而扩展了函数概念的应用。

4.3.1 输入公式

Excel 2010除了提供多种数据输入功能外，还提供了强大的数据计算功能。无论是简单的数字计算，还是复杂的数据分析，都可以直接在工作表中输入公式或是定义函数。如果公式中使用的原始数据发生变动，在保证公式不变的情况下，计算结果会自动更新，无须人为操作。Excel 2010提供了丰富的公式供用户使用。

Excel 2010中公式的输入非常简单，可操作的方法如下。

方法1：在单元格中直接输入公式。如果输入的函数是Excel 2010包含的函数，则Excel 2010会提示相关函数方便用户调用。

方法2：在编辑栏中输入公式，Excel 2010同样有函数提示功能，如图4-21所示。

图4-21 输入公式

4.3.2 公式中的运算符

运算符是公式的基础，通过不同的运算符而搭建起完整的公式。根据数据的不同类型，公式中涉及的运算符包括算术运算符、文本运算符、关系运算符、引用运算符等，具体介绍如下。

（1）算术运算符：算术运算符包括+（加）、-（减）、*（乘）、/（除）、^（乘幂）、%（百分号），数值型数据经过算术运算后的结果仍为数值型。

（2）文本运算符：&为文本运算符，文本型数据经过文本运算后仍为文本型。

（3）关系运算符：关系运算符包括>（大于）、<（小于）、>=（大于等于）、<=（小于等于）、<>（不等于）、=（等于），用于两个数值的比较，比较结果为 TRUE 或 FALSE。

（4）引用运算符：根据引用的范围，引用运算符包括区域运算符和联合运算符。

① ":" 区域运算符，以对角线方式用来表示一个单元格区域，如 B2:C4 表示从 2 行到 4 行、B 列到 C 列的矩形区域。

② "," 联合运算符，用来表示多个单元格或单元格区域。如图 4-22 所示，使用联合运算符计算 B2：C4 区域和 E2：E4 区域的数值之和。

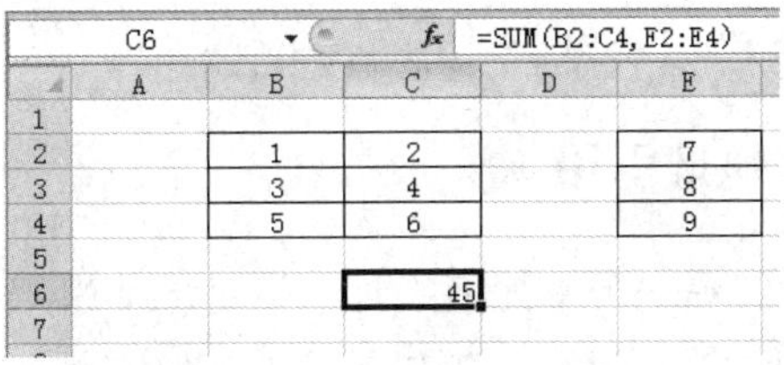

图 4-22 引用运算符的使用

当公式中同时出现多个运算符时，需要按照运算符的优先顺序进行运算，不同运算符的优先顺序见表 4-4。

表 4-4 运算符的优先顺序

优先级	运算符	说明	举例	结果
1	（）	括号	（3+4）	数值
2	-	负号	-2	
3	%	百分号	2%	
4	^	乘幂	2^3	
5	* 和 /	乘法和除法	2*2 和 10/2	
6	+ 和 -	加法和减法	2+2 和 10-3	
7	&	文本运算符	"a"&"b"	文本
8	=,>,<,>=,<=,<>	比较运算符	2>5	逻辑值（FALSE、TRUE）

4.3.3 单元格相对地址引用

在对大量数据进行处理和计算的时候，往往数据和数据之间存在一定的计算关系。为了保证数据与数据之间的对应关系，简单的方法是直接通过不同单元格的调用来实现。在 Excel 中，每个单元格均由唯一的行号和列号构成。

当把引用单元格地址的公式复制到其他单元格时，公式中单元格地址会随着相对位置变化而变化。如图 4-23 所示，C6 中的公式为"=C3+C4"，将 C6 复制到 E6 中，则 E6 中的公式为"=E3+E4"。

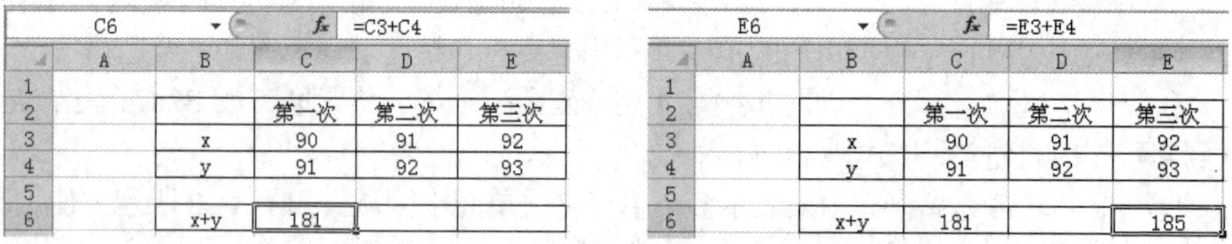

（a）输入公式　　　　　　　　　　（b）公式复制

图 4-23 相对地址引用

4.3.4 单元格绝对地址引用

当把一个单元格复制到另一个单元格中时，绝对地址引用会保持原单元格中的固定地址，不随粘贴位置变化而变化。Excel 提供的单元格绝对地址引用的方法，可以实现不同单元格具有相同公式和对相同原始数据的调用。

单元格绝对地址引用需要用到"$"符号，标记在行号或列号前。根据不同的引用需求，"$"符号的具体使用方法包括以下两种。

方法 1：在行号前标记"$"，则固定行号不变。如在 B6 中输入公式为"=C$3"，将 B6 复制到 C7 中，则 C7 的公式为"=D$3"，复制后行号不变，列号随粘贴位置相对变化。

方法 2：在列号前标记"$"，则固定列号不变。如在 B6 中输入公式为"=$C3"，将 B6 复制到 C7 中，则 C7 的公式为"=$C4"，复制后列号不变，行号随粘贴位置相对变化。

4.3.5 常用函数

为了使用户方便地处理和分析数据，Excel 2010 提供了大量的函数。通过使用 Excel 中已有的这些函数，用户可以简化公式的输入，完成预定的计算，提高工作效率。Excel 提供已有函数，还可以大大减少用户开发计算函数的工作，并提高了数据计算的精度。

一个函数由函数名和相关参数组成，参数位于函数名右侧的圆括号中。函数的基本格式为：函数名（参数 1，参数 2，…）。

使用 Excel 2010 中预定函数的具体方法为：选择要输出结果的单元格范围，单击【公式】选项卡【函数库】组中【插入公式】命令，打开【插入函数】对话框，如图 4-24 所示。

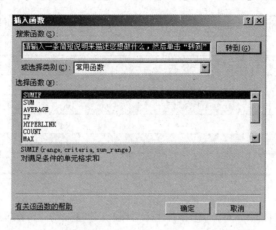

图 4-24 【插入函数】对话框

Excel 自带的常见函数见表 4-5。

表 4-5　Excel 自带的常见函数

名称	含义	语法
SUM	所有参数之和	SUM（参数 1,参数 2,…）
AVERAGE	所有参数的平均值（算术平均值）	AVERAGE（参数 1,参数 2,…）
IF	根据条件判断结果执行对应情况	IF（条件判断,参数 1,参数 2）
COUNT	计算选定区域的数字个数	COUNT（参数 1,参数 2,…）
MAX	返回一组值中的最大值	MAX（参数 1,参数 2,…）
SIN	返回给定角度的正弦值	SIN（参数）
SUMIF	对区域中符合指定条件的值求和	SUMIF（数据范围,条件判断）
STDEV	估算基于样本的标准偏差	STDEV（参数 1,参数 2,…）

4.3.6　案例应用——学生成绩统计分析

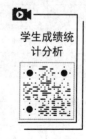

学生成绩统计分析

"大学英语"是大学一年级学生的必修课程，期末考试结束后，英语老师汇总了全班学生的平时成绩、期中成绩和期末成绩。现需要通过这些成绩，分析出每名学生的总成绩，并对整个班级的成绩情况进行统计。为了方便案例操作，本例简化为对 7 名学生的成绩统计分析，学生成绩见表 4-6。

表4-6 学生成绩

学号	姓名	平时成绩（30%）	期中成绩（20%）	期末成绩（50%）
1	杨蕊	90	80	71
2	何刚	68	61	52
3	杨悦	92	82	66
4	王倩	83	90	91
5	刘旭	75	84	70
6	刘芳	89	54	76
7	赵娜	91	92	85

操作步骤如下。

步骤1：创建一个工作簿，并在工作表中输入学生信息和平时成绩、期中成绩、期末成绩。

步骤2：依据总成绩是三项成绩按比例计算，单元格F2位置的公式输入有两种方法，详见表4-7。

表4-7 公式输入方法

序号	方法	输入内容	结果
1	公式输入	=C2*0.3+D2*0.2+E2*0.5	78.5
2	SUMPRODUCT 函数	=SUMPRODUCT（C2:E2,{0.3,0.2,0.5}）	78.5

步骤3：根据单元格相对地址引用方法，单元格F2位置的公式输入好后，单击该单元格右下角的【填充柄】，并拖动到单元格F8区域，公式会自动更新。

步骤4：分别借助数学和统计函数对整个班级学生的成绩进行分析，详见表4-8。

表4-8 数学和统计函数

序号	单元格	方法	单元格输入内容	结果
1	C12	AVERAGE 函数	=AVERAGE(F2:F8)	77.21429
2	C13	MAX 函数	=MAX(F2:F8)	88.4
3	C14	MIN 函数	=MIN(F2:F8)	58.6
4	C15	COUNT 函数	=COUNT(F2:F8)	7
5	F12	COUNTIF 函数	=COUNTIF(F2:F8,"<60")	1
6	F13	COUNTIF 函数	=COUNTIF(F2:F8,">=60")-COUNTIF(F2:F8,">=90")	6
7	F14	COUNTIF 函数	=COUNTIF(F2:F8,">=90")	0
8	F15	公式	=(C15-F12)/C15	0.857143

步骤 5：分别设置单元格 C12 和 F15 的单元格数据格式，详见表 4-9。

表 4-9　单元格数据格式设置

序号	单元格位置	数据类型	小数位数	设置前	设置后
1	C12	数值	2	77.21429	77.21
2	F15	百分比	1	0.857143	85.7%

步骤 6：通过设置数据条件格式，对所有学生成绩的统计情况进行标示，图文使数据情况更清晰，如图 4-25 所示。

学号	姓名	平时成绩（30%）	期中成绩（20%）	期末成绩（50%）	总成绩
1	杨蕊	90	80	71	78.5
2	何刚	68	61	52	58.6
3	杨悦	92	82	66	77
4	王倩	83	90	91	88.4
5	刘旭	75	84	70	74.3
6	刘芳	89	54	76	75.5
7	赵娜	91	92	85	88.2

成绩统计			
统计项	统计值	统计项	统计值
平均分	77.21	总分小于60的人数	1
最高分	88.4	总分大于60且小于90的人数	6
最低分	58.6	总分大于90的人数	0
全班人数	7	及格率	85.7%

图 4-25　学生成绩的统计情况

4.4　数据管理与分析

引言

数据是工作簿的基础，大量的数据会存储在各个工作表中。Excel 2010 不仅提供了数据的存储功能，还提供了各种各样的数据处理和分析功能，方便用户根据项目要求对数据进行加工和管理。

故事导读

信息图表的发展趋势

如今的时代是一个信息化的时代，也是信息图表备受欢迎的时代。图表被广泛地应用到各类文件中，它不仅能够便于人们的理解，还能够加深人们的印象。那么随着互联网的快速发展，信息图表的发展趋势又如何呢？

目前，信息图表给用户带来了非常多的便利。静态的图表主要呈现为图片形式，无论是展示、发送附件还是网站分享，都非常便捷。那么除此以外，还有交互式的信息图表。这种图表可以在用户面前呈现动态展示，让用户的感受更真实，印象更深刻。

信息图表的发展趋势

展望未来，信息图表可以实现数据可视化，并且能够实时更新，可以让用户得到更精准的信息。信息的实时更新对媒体来说是非常重要的，用户希望了解目前大家关心的话题、最新的实事动态。在经过大量数据的筛选与分类后，用户可以找到想要的数据和结果。

信息图表在未来的发展同样离不开 UI 设计，两者的结合可以说是最整洁和最美观的设计。不仅能够让数据表现得更加清晰，还能够更吸引读者。借助于互联网这艘"大船"，信息图表让数据分享越来越广泛，这也是大势所趋。

4.4.1 图表的制作

Excel 2010 图表是根据工作表内的数据，以图形展现数据的图示效果，可以更直观地表述各个数据之间的对比关系和趋势。Excel 2010 共提供了 11 种图表类型，包括柱形图、折线图、饼图、条形图等类型，并且每种图表还有若干子类型可供选择。

在制作图表时，主要是借助 Excel 自带的图表工具。选择要分析的数据区域，单击【插入】选项卡【图表】组中所需图表类型，也可以单击【图表】组中的【对话框启动器】按钮，打开【插入图表】对话框，如图 4-26 所示。在该对话框中，用户选择需要的图表，单击【确定】按钮后，即可在工作表中插入已选择的图表。

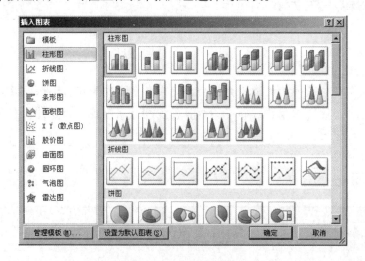

图 4-26 【插入图表】对话框

插入图表后,需要设置图表对应的数据,主要包括工作表中的数据区域、数据项和水平轴标签,如图 4-27 所示。定义数据与图表的关联后,单击【确定】按钮即可生成图表。

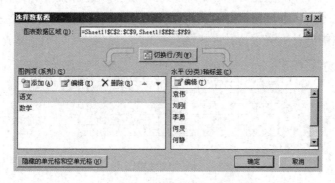

图 4-27 设置图表对应的数据

图表由众多图表项组成,包括图表区、绘图区、标题、坐标轴、数据系列等元素,用户可以依需要自行设计每一图表项,如图 4-28 所示。最终制作完成的图表可以充分展现数据的属性和数据之间的关系。

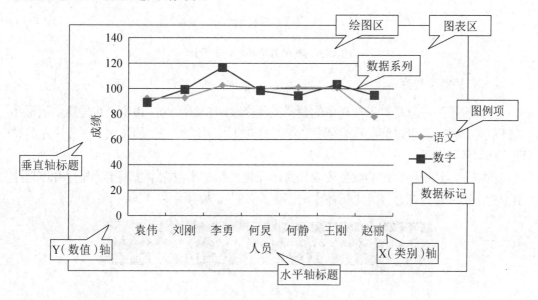

图 4-28 图表项的组成

4.4.2 数据排序

数据排序是数据分析非常重要的部分,可以快速、直观地组织并查找所需数据,找出符合要求的数据范围。根据数据排序的方法,可以将数据排序分为简单排序和多关键字排序两种。

1. 简单排序

简单排序是对数据表中的数据按照 Excel 2010 默认的升序或降序进行排列。其具体操作方法是选中要排序的数据列中任意单元格，单击【数据】选项卡【排序和筛选】组中的【升序】或【降序】按钮，即可实现数据沿某一列数据顺序变化而变化。如图 4-29 所示，所有数据依据总工资进行升序排列。

	A	B	C	D	E	F
1	编号	姓名	基本工资	奖金	总工资	
2	2001	何苗	2100	1300	3400	
3	2002	刘刚	2100	1200	3300	
4	2003	卜天	1400	1300	2700	
5	2004	赵婷	1800	1500	3300	
6	2005	李丽	1800	1300	3100	
7						

（a）原始数据

	A	B	C	D	E	F
1	编号	姓名	基本工资	奖金	总工资	
2	2003	卜天	1400	1300	2700	
3	2005	李丽	1800	1300	3100	
4	2002	刘刚	2100	1200	3300	
5	2004	赵婷	1800	1500	3300	
6	2001	何苗	2100	1300	3400	
7						

（b）升序排列

图 4-29　数据简单排序前后对比

2. 多关键字排序

多关键字排序就是对工作表中的数据按两个或两个以上的关键字进行排序。通过多关键字进行排序，可以解决在主要关键字排序数据相同的时候，通过次要关键字进行排序，具体步骤如下。

步骤 1：选中要排序的数据列中任意单元格，单击【数据】选项卡【排序和筛选】组中的【排序】按钮，打开【排序】对话框，如图 4-30 所示。

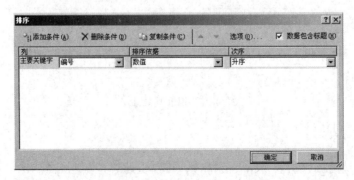

图 4-30　【排序】对话框

第 4 章
Excel 2010 电子表格处理软件

步骤 2：定义【主要关键字】，并通过【添加条件】添加【次要关键字】，自行设计数据的排列次序，如图 4-31 所示。

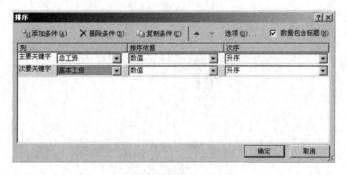

（a）多关键字排序设计

	A	B	C	D	E	F
1	编号	姓名	基本工资	奖金	总工资	
2	2003	卜天	1400	1300	2700	
3	2005	李丽	1800	1300	3100	
4	2004	赵婷	1800	1500	3300	
5	2002	刘刚	2100	1200	3300	
6	2001	何苗	2100	1300	3400	
7						

（b）排序结果

图 4-31　多关键字排序设计及结果

4.4.3　数据筛选

在对工作表数据进行处理时，很多时候需要从大量的数据中找出符合一定条件的数据，用户可以借助 Excel 2010 的数据筛选功能实现数据的查找。Excel 2010 提供了自动筛选、按条件筛选和高级筛选三种方式。

1．自动筛选

自动筛选主要是利用 Excel 默认的升序、降序功能实现数据的筛选。选中要筛选的数据列中任意单元格，单击【数据】选项卡【排序和筛选】组中的【筛选】按钮，则数据列标签右侧会出现向下箭头，单击该箭头可以实现数据按照某标签升序或降序，如图 4-32 和图 4-33 所示。

	A	B	C	D	E	F
1	编号 ▼	姓名 ▼	基本工 ▼	奖金 ▼	总工资 ▼	
2	2001	何苗	2100	1300	3400	
3	2002	刘刚	2100	1200	3300	
4	2003	卜天	1400	1300	2700	
5	2004	赵婷	2100	1500	3600	
6	2005	李丽	1800	1300	3100	
7						

图 4-32　数据自动筛选

图 4-33 数据自动筛选类型

2．按条件筛选

在使用 Excel 进行数据统计的时候，仅筛选最大值或最小值是不够的，用户可以按照一定的筛选条件进行数据的筛选。

在已经设置数据筛选的工作表中，单击自动筛选设置出来的【筛选】按钮，在展开的列表中选择【数据筛选】子列表，用户可以选择已有条件进行筛选，也可以选择【自定义筛选】，自行设置具体的筛选项。

如图 4-34 所示，对总工资定义筛选条件为"大于 3000 且小于 3500"。筛选条件确定后，Excel 会自动更新结果，不符合条件的数据即被隐藏。

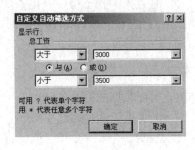

（a）定义筛选条件　　　　　　　　　　（b）筛选后的结果

图 4-34 按条件进行筛选

3．高级筛选

作为高级的数据处理软件，Excel 还为用户提供了高级筛选功能。如果要使用高级筛选功能，那么需要设置筛选条件区域，通过表 4-10 和表 4-11 来说明高级筛选条件区域的定义方式和对应的逻辑关系。

表 4-10　高级筛选条件区域的定义方式

字段 A	字段 B
条件 A1	条件 B1
条件 A2	条件 B2

表 4-11　高级筛选条件区域的逻辑关系

序号	字段	条件		筛选结果
1	字段 A	条件 A1	条件 A2	字段 A 中所有符合条件 A1 或 A2 的记录
	字段 B	—	—	
2	字段 A	—	—	字段 A 中所有符合条件 B1 或 B2 的记录
	字段 B	条件 B1	条件 B2	
3	字段 A	条件 A1	—	字段 A 中符合条件 A1 并且字段 B 中符合条件 B1 的记录
	字段 B	条件 B1	—	
4	字段 A	条件 A1	—	字段 A 中符合条件 A1 或字段 B 中符合条件 B2 的记录
	字段 B	—	条件 B2	
5	字段 A	条件 A1	条件 A2	字段 A 中符合条件 A1 和 A2 并且字段 B 中符合条件 B1 和 B2 的记录
	字段 B	条件 B1	条件 B2	

在大量数据中使用高级筛选的具体步骤如下。

步骤 1：将数据的自动筛选取消，并输入高级筛选条件，如图 4-35 所示。其中筛选条件是“基本工资大于 2000 且总工资大于 3000”。要求筛选条件的列标题要与数据区域的列标题一致，并且条件区域与数据区域之间要有空行。

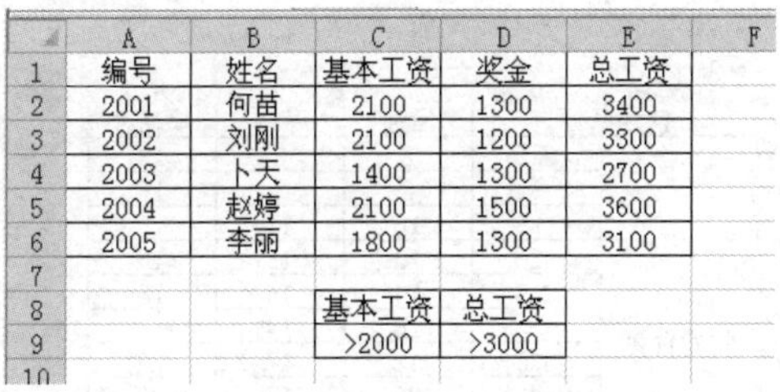

	A	B	C	D	E	F
1	编号	姓名	基本工资	奖金	总工资	
2	2001	何苗	2100	1300	3400	
3	2002	刘刚	2100	1200	3300	
4	2003	卜天	1400	1300	2700	
5	2004	赵婷	2100	1500	3600	
6	2005	李丽	1800	1300	3100	
7						
8			基本工资	总工资		
9			>2000	>3000		
10						

图 4-35　高级筛选条件输入

步骤 2：单击【数据】选项卡【排序和筛选】组中的【高级】按钮，打开【高级筛选】对话框。在该对话框中，要设置数据列表区域和条件区域，并且也可以根据需要选择是否要把结果输出到其他工作表位置。窗口内容及高级筛选输出后的结果如图 4-36 所示，其中不符合筛选条件的数据被隐藏。

(a)【高级筛选】对话框　　　　　　　　　(b)筛选后的结果

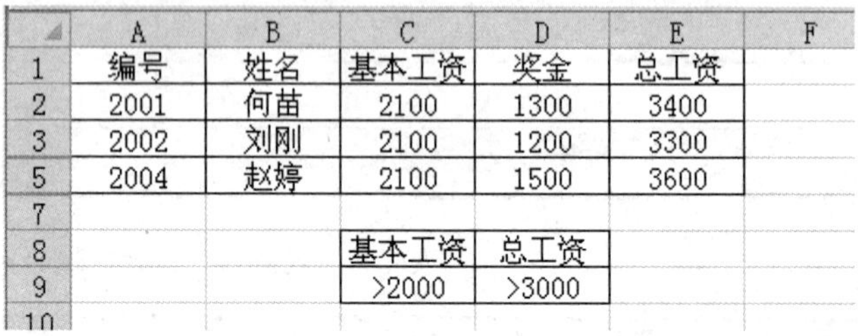

图 4-36　高级筛选设置及结果

4.4.4　案例应用——快递费用评估

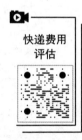

快递费用评估

山东的王倩是一名网店店主，每天都需要邮寄大量的快递。该地区有三家快递公司提供邮寄业务，已知每家快递公司的收费标准，现需要针对每家公司的收费情况，提出邮寄快递的预案。收费标准见表 4-12。

表 4-12　快递公司收费标准

序号	快递名称	收费标准
1	恒通	1 千克以内 8 元，1 千克以上每 0.5 千克增加 2 元
2	亨达	1 千克以内 8 元，1 千克以上每千克增加 3 元
3	邮易达	3 千克 15 元，3 千克以上 20 元

操作步骤如下。

步骤 1：创建 Excel 工作簿，并根据快递公司的收费标准，计算每家快递公司的收费数据，如图 4-37 所示。

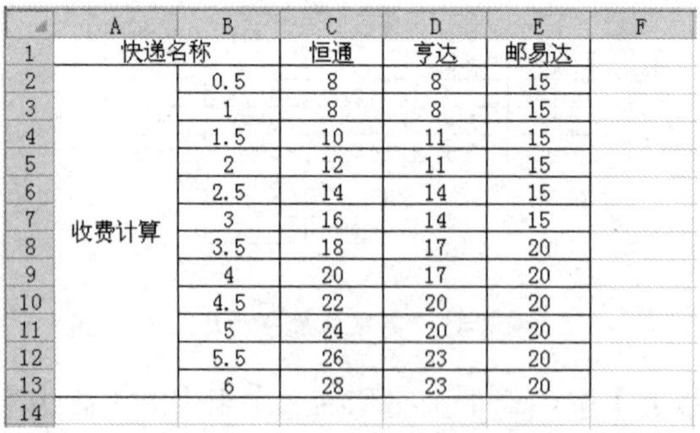

	A	B	C	D	E
1		快递名称	恒通	亨达	邮易达
2		0.5	8	8	15
3		1	8	8	15
4		1.5	10	11	15
5		2	12	11	15
6		2.5	14	14	15
7	收费计算	3	16	14	15
8		3.5	18	17	20
9		4	20	17	20
10		4.5	22	20	20
11		5	24	20	20
12		5.5	26	23	20
13		6	28	23	20

图 4-37　快递公司的收费数据

其中，可以借助 ROUNDUP 函数，计算数值的向上舍入。

步骤 2：制作图表，选择【带数据标记的折线图】。折线图通过标记可以显示单个数据值，并能够显示数据随时间或排序的类别的变化趋势。图 4-38 和表 4-13 分别给出设置折线图时需要的数据参数，图 4-39 为定义后的数据折线图表。

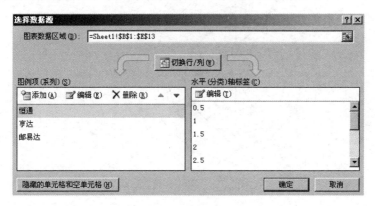

图 4-38　图表的数据参数

表 4-13　图表数据参数的定义内容

序号	图例项	系列名称	系列值	水平轴标签
1	恒通	=Sheet1!$C$1	=Sheet1!$C$2:$C$13	=Sheet1!$B$2:$B$13
2	亨达	=Sheet1!$D$1	=Sheet1!$D$2:$D$13	
3	邮易达	=Sheet1!$E$1	=Sheet1!$E$2:$E$13	

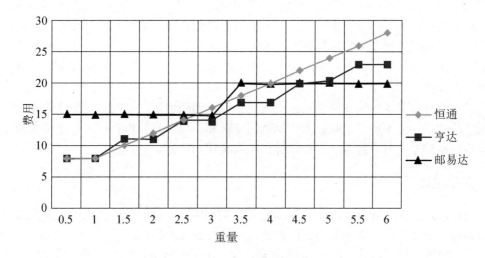

图 4-39　数据的折线图表示

还可以采用雷达图，比较几个数据系列之间的关系，如图 4-40 所示。

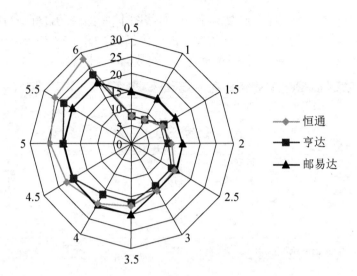

图 4-40 数据的雷达图表示

步骤 3：通过折线图和雷达图的数据对比，可以总结数据关系和变化趋势。王倩通过三家快递公司的收费统计分析，得到以下结果。

（1）当快递重量在 3.5 千克以下时，恒通和亨达两家快递费用非常接近。

（2）当快递重量在 5 千克以下时，可以优选亨达邮递，节约成本。

（3）当快递重量超过 5 千克时，可以选择邮易达快递，费用较低。

知识延展

数据透视表是一种交互式的表，可以按需要进行计算，如求和与计数等，所进行的计算结果与数据透视表中的排列有关。通过数据透视表，可以动态地改变版面布置，实现不同方式的数据分析。每一次改变版面布置或原始数据，数据透视表都会立即更新，重新计算数据。

回归分析是确定两种或两种以上变数间相互依赖的定量关系的一种统计分析方法。按照涉及的自变量的多少，可分为一元回归分析和多元回归分析；按照自变量和因变量之间的关系类型，可分为线性回归分析和非线性回归分析。

本章总结

在信息高速发展的今天，大数据围绕着我们的生活，如何借助计算机从大量数据中捕捉到有用的信息是非常重要的，这也是日益发展的技术趋势。

本章主要学习了微软 Office 2010 套装软件中 Excel 2010 的应用。通过理论内容及案例的讲解，帮助读者掌握数据组织、分析和统计，使读者能够使用多种形式的图表来表现数据特征，并能够完成大数据的排序和筛选操作，以满足实际需要。

第 4 章
Excel 2010 电子表格处理软件

关键词

Excel，数据，函数，图表，筛选

本章习题

【判断题】

1. 在 Excel 中，单元格的宽度是不能更改的。（   ）
2. 单元格 D1=SUM（A1:A10）是将单元格 A1 与 A10 数据相加。（   ）
3. 一个工作簿默认具有三个工作表，可以根据需要创建新的工作表。（   ）

【填空题】

1. 在 Excel 中，将工作簿关闭的组合键是_____；将 Excel 软件退出的组合键是_____。
2. 单元格 D1=SUM（A1:A10），将公式复制到 F1 后，F1 位置的公式为_____。
3. 一个 Excel 中计算几个单元格数据的平均值需使用_____函数。

【选择题】

1. 在 Excel 2010 中，一个工作簿最多可以包含（   ）个工作表。
   A. 253　　　　B. 254　　　　C. 255　　　　D. 256
2. 用户通过冻结功能可以方便地进行数据的查找和阅读，以下选项中，（   ）不属于冻结功能。
   A. 冻结首行　　　　　　　B. 冻结首列
   C. 冻结拆分窗格　　　　　D. 冻结表格
3. 在 Excel 中，下面是相对地址的是（   ）。
   A. $E$3　　　　B. $E3　　　　C. E$3　　　　D. E3
4. 下列数据不能直接自动填充输入的是（   ）。
   A. 第一名、第二名、第三名　　　B. 一月、二月、三月
   C. 10、11、12　　　　　　　　　D. 甲、乙、丙

【简答题】

1. 简述工作簿、工作表和单元格之间的关系。
2. 简述在单元格内输入数据的方法有哪些。

【技能题】

1. 某中学三年级一班的期末考试成绩见表 4-14，现需要对该班成绩进行分析，分别统计出各分数段的人数（0-59、60-69、70-79、80-89、90-100），并用柱形图将各科目成绩进行展示。

表 4-14 某中学三年级一班的期末考试成绩

序号	姓名	性别	数学	语文	英语	体育	计算机
1	白海波	男	87	85	85	85	85
2	冯超	男	71	48	48	98	80
3	高原	男	74	58	70	82	88
4	海塞纳	男	75	80	69	90	66
5	张强	男	95	85	85	85	85
6	赵刚	男	85	60	66	85	75
7	吴洋	男	77	90	55	90	92
8	赵伟	男	65	92	85	75	92
9	冯强	男	67	73	73	73	73
10	何一浩	男	72	67	67	67	67
11	杜洋	男	100	86	80	75	90
12	杜一博	男	63	94	94	94	94
13	刘旭	男	45	75	92	75	85
14	刘颖	女	76	80	63	66	78
15	杜丽	女	68	75	85	75	70
16	李静怡	女	92	72	100	80	66
17	袁亮亮	女	85	75	58	75	85
18	何苗苗	女	48	58	66	90	60
19	赵丽	女	58	75	85	75	90
20	孙杰	女	66	85	60	85	92
21	李琦	女	85	48	90	48	73
22	周蕾	女	60	58	92	58	67
23	周一曼	女	90	66	73	66	75
24	吴海波	女	92	85	67	85	94
25	王芳	女	73	60	75	60	92
26	赵红	女	67	90	94	90	73
27	赵婷	女	75	92	58	92	67
28	孔月红	女	94	73	66	73	75
29	齐伟	女	95	67	85	67	94
30	孟文	女	99	75	60	75	75

操作引导：
（1）在工作表中输入数据。
（2）使用 COUNTIF 函数，对每科各分数段成绩进行汇总。
（3）为了美观，可以选择三维柱状图显示数据结果。
（4）为图表增添标题，使数据图表化。

2. 周末，赵阳拿着 1000 元钱要去集市买公鸡和母鸡，已知公鸡 150 元一只，母鸡 200 元一只，试分析他有多少种买鸡的方案，并推测出哪种方案最优（买最多的鸡，并尽可能地省钱）。

操作引导：
（1）假设公鸡数量，使用 INT 函数推算母鸡数量。
（2）计算每种方案购鸡的总数量。
（3）计算每种方案的总费用。
（4）在总数量最多的方案中，分析哪种方案更省钱。

推荐阅读

1. Excel Home. Excel 2010 应用大全[M]. 北京：人民邮电出版社，2011.
2. 文杰书院. Excel 2010 电子表格入门与应用[M]. 北京：清华大学出版社，2015.

第 5 章
PowerPoint 2010 演示文稿软件

【学习目标】

1. 了解 PowerPoint 的功能。
2. 熟悉掌握幻灯片的制作和基本美化方法。
3. 掌握幻灯片的切换效果和设置。
4. 熟练掌握幻灯片的放映方法。

【建议学时】

6~8 学时。

【思维导图】

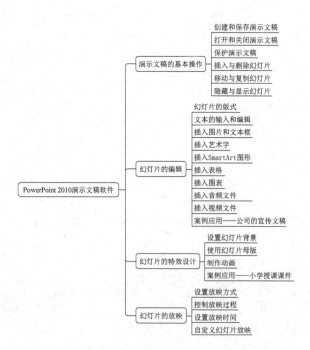

第 5 章 PowerPoint 2010 演示文稿软件

5.1 演示文稿的基本操作

引言

随着多媒体技术的发展，演示文稿的应用越来越广泛，涉及工作汇报、学术交流、自我展示等工作和生活场景。PowerPoint 是目前制作演示文稿的最佳工具之一，要想使用 PowerPoint 制作精美的演示文稿，那么首先要了解它的一些基本操作。

故事导读

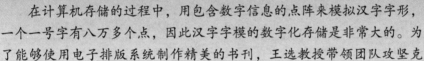

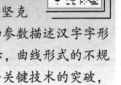
汉字激光照排系统

激光照排技术，就是把每一个汉字编成特定的编码，然后存储到计算机中，输出时用激光束直接扫描成字。汉字激光照排系统，实际上是电子排版系统的一种。

在计算机存储的过程中，用包含数字信息的点阵来模拟汉字字形，一个一号字有八万多个点，因此汉字字模的数字化存储是非常大的。为了能够使用电子排版系统制作精美的书刊，王选教授带领团队攻坚克难，成功研制出一种字形信息压缩和快速复原技术，即"用轮廓加参数描述汉字字形的信息压缩技术"，将横、竖、折等规则笔画用一系列参数精确表示，曲线形式的不规则笔画用轮廓表示，实现了失真程度最小的字形变倍和变形。这一关键技术的突破，使汉字数据的存储量减少到五百万分之一，电子排版速度也大大加快。

汉字激光照排系统使我国印刷业从落后的铅字排版一步跨进了世界最先进的技术领域，图书、报刊的排版印刷告别了"铅"与"火"，进入了"光"与"电"的时代。从北宋毕昇发明的活字印刷到王选教授发明的汉字激光照排系统，中国人以非凡的毅力和创新的精神取得了一个又一个辉煌的成就。

5.1.1 创建和保存演示文稿

演示文稿是 PowerPoint 中的文件，由一系列幻灯片组成，每一张幻灯片都为用户提供了展示的空间。在演示文稿中，用户可以轻松地制作文字、图形、音频、视频等，极大地提高了演示效果。

1. 创建演示文稿

在对演示文稿进行编辑之前，首先需要创建一个演示文稿。通过如下两种方法可以创建演示文稿。

方法 1：启动 PowerPoint 2010 主程序，系统会自动建立一个新的演示文稿。

方法 2：在已经打开的软件中，选择【文件】|【新建】命令，从中选择想要创建的模板，双击则可创建演示文稿。

2. 保存演示文稿

编辑完演示文稿后，需要将演示文稿保存。根据工作簿的创建情况，分为如下两种情况进行保存。

（1）保存已有演示文稿

单击【保存】按钮或单击【文件】|【保存】命令，即可保存编辑后的演示文稿，原演示文稿被覆盖。如果不想覆盖原演示文稿，则单击【文件】|【另存为】命令，出现【另存为】对话框。

常见的 PowerPoint 演示文稿类型见表 5-1。

表 5-1 常见的 PowerPoint 演示文稿类型

格式	扩展名	说明
PowerPoint 演示文稿	.pptx	PowerPoint 2010 或 2007 演示文稿，支持 XML
PowerPoint 启用宏的演示文稿	.pptm	包含 VBA 代码的演示文稿
PowerPoint 97-2003 演示文稿	.ppt	可以在 PowerPoint（从 97 到 2003）中打开的演示文稿
PDF 文档格式	.pdf	基于 PostScript 的电子文件格式
PowerPoint 设计模板	.potx	可用于格式设置的 PowerPoint 2010 或 2007 演示文稿模板
PowerPoint 启用宏的设计模板	.potm	演示文稿的模板中包含了预先批准的宏
PowerPoint 97-2003 设计模板	.pot	可以在 PowerPoint（从 97 到 2003）中打开的模板
PowerPoint 加载宏	.ppam	用于存储自定义命令、VBA 代码和特殊功能的加载宏
PowerPoint 97-2003 加载宏	.ppa	可以在早期版本的 PowerPoint（从 97 到 2003）中打开的加载宏
Windows Media 视频	.wmv	另存为视频的演示文稿，可在多种媒体播放器上播放
GIF（图形交换格式）	.gif	幻灯片做成图形 GIF 文件格式，更适合扫描图像
JPEG（联合图像专家组）文件格式	.jpg	幻灯片做成图形 JPEG 文件格式，适于照片和复杂图像
PNG（可移植网络图形）格式	.png	幻灯片做成图形 PNG 文件格式，PNG 文件不像 GIF 那样支持动画

（2）保存新建演示文稿

如果演示文稿是新建的，单击【文件】|【保存】或【另存为】命令都会打开【另存为】对话框，对文件进行保存。

5.1.2 打开和关闭演示文稿

无论一个软件有多么强大的功能，软件的打开和关闭功能无疑是最基本的操作。

1．打开演示文稿

在使用 PowerPoint 的时候，经常需要打开多个演示文稿进行输入和编辑。PowerPoint 提供了多种演示文稿的打开方法，其中一些方法也与一般办公软件的打开方法类似，打开演示文稿为用户操作提供便利。

在 PowerPoint 软件打开的情况下，打开演示文稿的具体过程如下。

（1）单击【文件】|【打开】命令，或按 Ctrl+O 组合键，调出【打开】对话框。

（2）通过文件夹位置、文件类型等查找文件。

（3）选中要打开的工作簿文件，单击【打开】按钮。

（4）直接双击待打开的 PowerPoint 演示文稿，也可以启动 PowerPoint 2010 将其打开。

2．关闭演示文稿

作为经典的办公软件，演示文稿的关闭方法也是非常简单的，可采用如下几个方法。

（1）单击【文件】|【关闭】命令将当前演示文稿关闭；如果单击【退出】命令，则退出 PowerPoint 2010 软件。

（2）单击 PowerPoint 2010 窗口右上角的【关闭】按钮。

（3）按 Ctrl+F4 组合键将演示文稿关闭；按 Alt+F4 组合键将 PowerPoint 软件退出。

5.1.3 保护演示文稿

在商业、工程、金融等领域，涉密数据或个人专有数据具有严格的使用要求，相关文件通常只能由特殊用户打开和操作，那么就需要软件具有保护文件不被随便打开的功能。为了防止演示文稿被其他人随便打开并修改，PowerPoint 2010 可以为演示文稿设置密码保护。

为了更充分地定义文件保护情况，演示文稿设置密码包括设置演示文稿的打开密码和修改密码。具体步骤如下。

步骤 1：打开【另存为】对话框，单击【工具】中的【常规选项】按钮，打开【常规选项】对话框，如图 5-1 所示。

步骤 2：根据实际情况，设置文档的打开权限密码和修改权限密码。

设置了打开密码的演示文稿在打开时，系统会显示【密码】对话框提示用户输入打开密码。如果用户输入的密码不正确，则无法打开文档。

如果文档还设置了修改密码，则文档打开前，系统还会显示【密码】框提示用户输入修改密码，如果用户输入修改密码则可打开文档进行编辑；如果用户没有修改密码，可选择【只读】选项，打开文档而不能编辑，如图 5-2 所示。

图 5-1 【常规选项】对话框

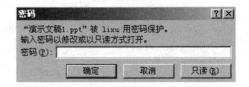

图 5-2 【密码】对话框

5.1.4 插入与删除幻灯片

1. 插入幻灯片

使用 PowerPoint 2010 创建演示文稿时，默认会自带一张幻灯片。如果要展示的数据内容非常多而一张幻灯片不够时，那么就需要新建和插入一些幻灯片用于编写文档。PowerPoint 2010 提供了非常灵活的幻灯片插入方法，能够满足不同位置、不同数量的幻灯片插入需求。

通过使用 PowerPoint 2010，在演示文稿中插入一张幻灯片的具体方法如下。

方法 1：单击要插入幻灯片的位置，会在该位置出现一条闪动的黑线，标记插入幻灯片的位置，如图 5-3 所示。

方法 2：单击鼠标右键，在弹出的快捷菜单中选择【新建幻灯片】选项，即可插入一张新的幻灯片。

方法 3：选择【开始】选项卡【幻灯片】组中【新建幻灯片】按钮的向下箭头，用户可以根据需要选择幻灯片的类型。

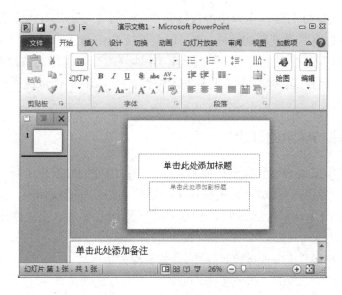

图 5-3　幻灯片的插入位置

2．删除幻灯片

对于演示文稿中没有用的幻灯片，可以将其删除而方便文档的管理，具体步骤如下。

步骤 1：选定要删除的一张或多张幻灯片。

步骤 2：单击鼠标右键，在弹出的快捷菜单中选择【删除幻灯片】选项将其删除，也可以按 Delete 键将其删除。

5.1.5　移动与复制幻灯片

通常，一个成功的演示文稿要展现非常丰富的内容，那么就需要创建多个幻灯片来存放和管理数据。如果制作演示文稿的时候，部分幻灯片的位置不是很理想，想对几张幻灯片的位置进行调整，那么可以使用移动幻灯片的方法。

1．移动幻灯片

PowerPoint 2010 提供了简单的幻灯片移动方法，具体步骤如下。

步骤 1：选择要移动的幻灯片。

步骤 2：按住鼠标左键拖动幻灯片到要放置的位置，此时会出现一条横线。

步骤 3：释放鼠标左键，则选定的幻灯片就插入到新的位置。

2．复制幻灯片

在制作演示文稿的时候，可能需要对其中的一张或是几张进行复制并稍加修改，如目录或是相同背景的幻灯片，复制幻灯片的步骤如下。

步骤 1：选择要复制的幻灯片，可以是一张或是多张。

步骤 2：单击鼠标右键，在弹出的快捷菜单中选择【复制幻灯片】选项，则可在选择要复制幻灯片的后面看到新幻灯片，也可以直接按 Ctrl+D 组合键在后面复制一张幻灯片；如果想在指定位置粘贴幻灯片，那么就单击鼠标右键，在弹出的快捷菜单中选择【复制】或按 Ctrl+C 组合键，然后单击要粘贴的位置，按 Ctrl+V 组合键进行粘贴，即可实现幻灯片的复制。

5.1.6 隐藏与显示幻灯片

一般制作演示文稿的时候会设计很多幻灯片，但播放的时候由于时间或是临时需要而不能播放所有幻灯片，那么就需要将不需要播放的幻灯片隐藏起来，而不必删除。隐藏幻灯片可以使演示文稿能够应对各种临时或特殊场合要求，使文件更灵活、更有生命力。

PowerPoint 2010 提供的隐藏幻灯片的具体步骤如下。

步骤 1：选定要隐藏的一张或多张幻灯片。

步骤 2：单击鼠标右键，在弹出的快捷菜单中选择【隐藏幻灯片】选项，此时要隐藏的幻灯片编号会出现斜杠，如图 5-4 所示。也可以通过选择【幻灯片放映】选项卡【设置】组中【隐藏幻灯片】命令将其隐藏。

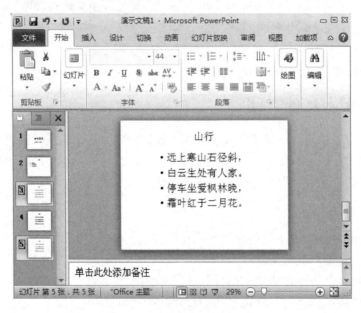

图 5-4　幻灯片的隐藏

如果要将隐藏的幻灯片显示出来，则需要再次进行【隐藏幻灯片】命令操作，即可显示已经隐藏的幻灯片。

5.2 幻灯片的编辑

引言

一个演示文稿由多个幻灯片组成，幻灯片是演示文稿的基本结构单元，也可以看成演示文稿的载体。在一张幻灯片中，可以插入多个文本、图片、多媒体文件等元素，以图、文、声、像的方式展现用户的想法。

故事导读

数据可视化，你听过吗？

数据可视化是一种数据视觉表现形式，主要利用图形、图像处理、计算机视觉及用户界面，通过表达、建模及动画等方法呈现，并对数据加以可视化解释。

数据可视化可以实现化繁为简，方便理解，可谓"一图胜千言"。数据可视化主要借助图形化手段，清晰有效地传达与沟通信息。为了有效地传达思想观念，美学形式与功能需要齐头并进，直观地展现关键的内容与特征。然而，把握设计与功能之间的平衡对于设计人员来说是非常困难的，从而需要大量时间和工作才能创造出合理的数据可视化形式。

数据可视化与信息图形、信息可视化、科学可视化及统计图形密切相关。当前，在研究、教学和开发领域，数据可视化仍是一个极为活跃而又关键的技术。

在经济社会迅速发展的今天，数据可视化时时地关联着我们的生活，如分析股票时通常会在行情软件上观察股票走势图（图 5-5），通过走势图的技术指标来判断未来股价的变动方向。

图 5-5　股票走势

5.2.1 幻灯片的版式

幻灯片的版式是用于确定幻灯片包含的对象以及各对象之间的位置关系的，是一种常规排版的格式。版式由占位符组成，占位符是版式中的容器，不同的占位符可以放置不同的对象，如文本、表格、图表、SmartArt 图形、图片等。PowerPoint 软件内置了一些版式供用户使用，如图 5-6 所示。

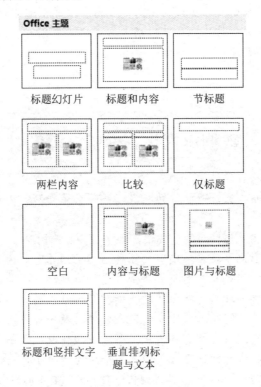

图 5-6　幻灯片的版式

用户选定合适的版式后，可以在虚线框内添加自己的内容，这些虚线框就是占位符。虚线框只是提示位置，添加内容后，虚线框会自动消失，对设计没有影响。

5.2.2 文本的输入和编辑

制作演示文稿的过程中，文字是不可缺少的输入对象，经常要输入和编辑文本，并且为了美观还要制作出特殊的效果，增加文本特点。

当对幻灯片选定适当的版式后，在幻灯片的占位符内可直接输入或是粘贴文本。PowerPoint 的文本格式化操作与 Word 的操作大同小异，主要使用【开始】选项卡中的【字体】和【段落】组中的命令，对字体、字号、颜色、对齐方式、段落间距等进行设置。功能区显示的命令如果不能满足设计要求时，可以分别启动【字体】对话框和【段落】对话框，查找需求的功能，分别如图 5-7 和图 5-8 所示。

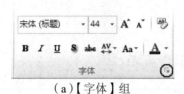
（a）【字体】组

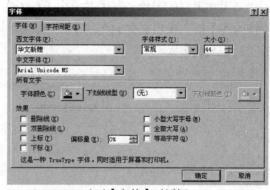
（b）【字体】对话框

图 5-7　字体设计

（a）【段落】组

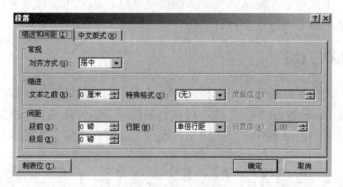
（b）【段落】对话框

图 5-8　段落设计

5.2.3　插入图片和文本框

文字是心灵的说明，图片是视觉的启迪。在演示文稿的制作中，经常把图片插入文档中以增强视觉效果，图文并茂地展现用户的想法。在 PowerPoint 中，只需要简单的操作，即可将图片放入幻灯片中。

PowerPoint 2010 提供了可视化的图片插入方法，具体步骤如下。

步骤 1：选定要插入图片的幻灯片。

步骤 2：选择【插入】选项卡【图像】组中【图片】命令，可打开【插入图片】对话框，找到用户满意的图片，选中并单击【插入】即可完成。另一个方法是通过幻灯片中占位符内的【插入来自文件的图片】按钮，同样可以打开【插入图片】对话框，进行图片插入，如图 5-9 所示。

图 5-9　占位符中插入图片

PowerPoint 软件还有一个强大的功能就是灵活地插入文本框，文本框可以根据需要进行位置、大小的调整，非常方便。在幻灯片中插入文本框的步骤如下。

步骤 1：选定要插入文本框的幻灯片。

步骤 2：选择【插入】选项卡【文本】组中【文本框】命令，在幻灯片合适的位置单击，即可创建一个文本框，默认情况下为横排文本框；如果想设计成垂直文本框，则需要单击【文本框】命令下方箭头进行选择。

5.2.4　插入艺术字

艺术字是一个文字样式库，可以将文字设计成不同的装饰效果，如拉伸、阴影、轮廓、镜像等。在 PowerPoint 中，艺术字可以独自创建，也可以将文本框中的文字设计成艺术字。使用艺术字可以增强文字的使用效果，加深观众印象，如图 5-10 所示。

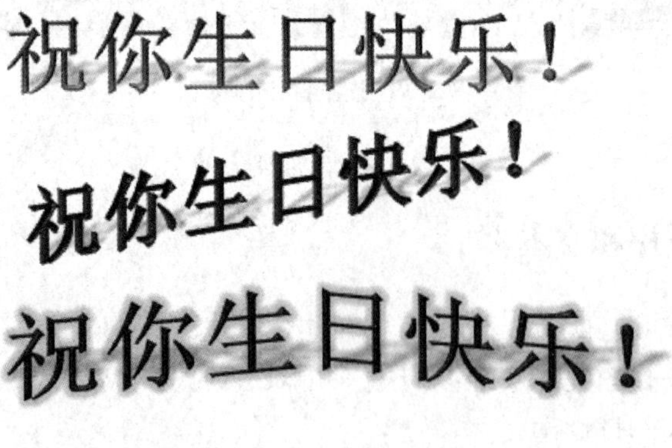

图 5-10　艺术字的效果

在【插入】选项卡上的【文本】组中，单击【艺术字】按钮，然后选择所需要的艺术字样式，在创建的文本框中可以输入文字。创建好艺术字内容后，还可以根据【格式】选项卡中的【艺术字样式】进行进一步编辑和完善，如图 5-11 所示。

图 5-11　艺术字样式设计

5.2.5　插入 SmartArt 图形

SmartArt 图形是信息和观点的视觉表示方法，通过多种不同布局的选择来创建 SmartArt 图形，从而快速、有效地传达信息。在创建 SmartArt 图形时，用户可以在【选择 SmartArt 图形】对话框中选择一种 SmartArt 图形类型，如列表、流程、循环、层次结构或关系等，如图 5-12 所示。

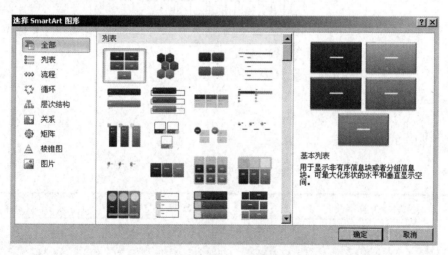

图 5-12　【选择 SmartArt 图形】对话框

每种类型的 SmartArt 图形中都包含着几个不同的布局。选择一个布局之后，可以很容易地切换 SmartArt 图形的布局或类型。新布局中将自动保留大部分文字和其他内容及颜色、样式、效果和文本格式，用户还可以使用【SmartArt 工具设计】和【SmartArt 工具格式】选项卡设置图形。

5.2.6　插入表格

表格可以将大量数据以一定的规律或是条件进行排布，避免了数据的杂乱无章。当需要向幻灯片里面放入多个数据的时候，可以借助插入表格功能来实现。在 PowerPoint

幻灯片中添加表格并设置表格格式，然后在单元格中输入要展示的数据，使幻灯片像工作表一样可以存储多种有效资料。

使用 PowerPoint 2010 在幻灯片中插入表格的具体步骤如下。

步骤 1：选择要插入表格的幻灯片。

步骤 2：单击【插入】选项卡【表格】组中的【表格】命令，会弹出【插入表格】列表，如图 5-13 所示。

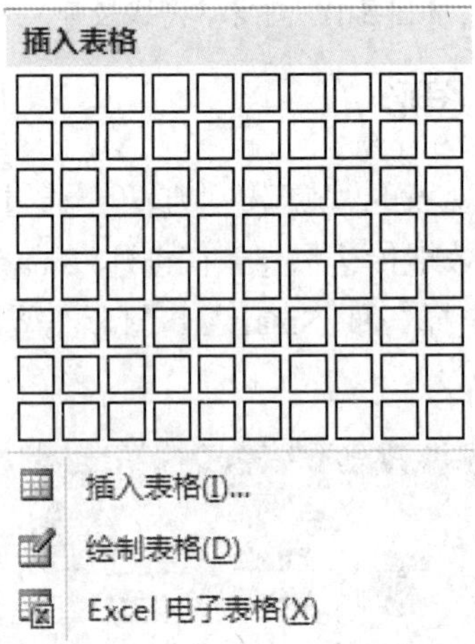

图 5-13　插入表格

表格制作的方法见表 5-2。

表 5-2　表格制作的方法

序号	类型	制作方法	复杂度
1	快速制作表格	【插入表格】列表中直接选取行数和列数	★
2	插入表格	【插入表格】对话框中输入行数和列数	★★
3	绘制表格	绘制表格的边框	★★★★
4	Excel 电子表格	在幻灯片中直接插入一张工作簿	★★★
5	从其他软件复制	从 Word、Excel 中复制并粘贴一组单元格	★

5.2.7　插入图表

与表格数据相搭配，通常还会在幻灯片中插入图表以增强数据展示效果。图表是一种以图形显示方式表达数据的方法，用图表可以方便地表示数据，让观众容易理解。PowerPoint 与 Excel 相同，可以插入多种数据图表和图形，如柱形图、折线图、饼图、条形图、面积图、散点图、股价图、曲面图、圆环图、气泡图和雷达图。

第 5 章
PowerPoint 2010 演示文稿软件

使用 PowerPoint 2010 在幻灯片中插入图表的具体步骤如下。

步骤 1：选择要插入表格的幻灯片。

步骤 2：单击【插入】选项卡 【插图】组中的【图表】命令，会弹出【插入图表】对话框，选择图表类型。

步骤 3：在弹出的图表工作簿中输入图表数据，编辑完成后保存关闭工作簿。

数据输入完后，图表会自动更新。如果要对图表进行添加或更改，可以在【图表工具】下【设计】、【布局】和【格式】选项卡中挑选相关命令执行，如图 5-14 所示。

图 5-14　图表工具选项卡

5.2.8　插入音频文件

演示文稿的多媒体制作除了可以插入图片、图表外，还可以进行音频的添加和处理。为了更好地突出演示重点，用户可以在演示文稿中添加音频，如音乐、旁白、原声摘要等。在演示文稿中插入音频文件可以吸引观众的注意力和增加新鲜感，常见的音频文件有 MP3 音乐文件（MP3）、Windows 音频文件（WAV）、Windows Media Audio 文件（WMA）等。

使用 PowerPoint 2010 插入音频文件的步骤如下。

步骤 1：选择要添加音频文件的幻灯片。

步骤 2：在【插入】选项卡【媒体】组中，单击【音频】按钮的向下箭头，选择插入音频的方式，方式说明见表 5-3。

表 5-3　插入音频文件的方式说明

序号	音频文件类型	方式	复杂度
1	文件中的音频	直接插入声音文件	★★★
2	剪贴画音频	像插入剪贴画一样，插入剪辑管理器中的声音	★
3	录制音频	打开【录音】对话框进行录制并插入	★★

插入音频文件后，幻灯片会显示一个插入声音图标和播放控制条，如图 5-15 所示。用户后期还可以通过【播放】选项卡上的功能，设置音频文件的播放方式和播放声音等，如图 5-16 所示。

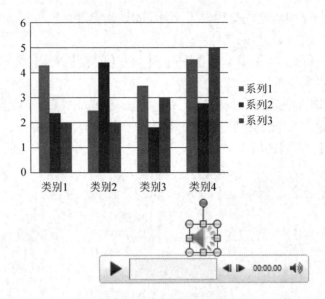

图 5-15 音频图标及控制条

图 5-16 音频播放设置

5.2.9 插入视频文件

使用 PowerPoint 2010 可以将视频文件直接嵌入演示文稿中,通过添加视频文件增添演示文稿的活力。常见的视频文件包括 Windows 视频文件(AVI)、影片文件(MPG 或 MPEG)、Windows Media Audio 文件(WMA)等。

使用 PowerPoint 2010 插入视频文件的步骤如下。

步骤 1:选择要添加视频文件的幻灯片。

步骤 2:在【插入】选项卡【媒体】组中,单击【视频】下方的箭头,选择插入视频的方式,方式说明见表 5-4。

表 5-4 插入视频文件的方式说明

序号	视频文件类型	方式	复杂度
1	来自文件的视频	幻灯片中直接嵌入本地视频	★
2	来自剪贴画库的动态 GIF	嵌入动态 GIF 文件	★

续表

序号	视频文件类型	方式	复杂度
3	视频文件的链接	链接视频	★★
4	网站上的视频	利用网站视频的嵌入代码进行视频的链接	★★

成功地插入视频后，在幻灯片上会显示第一帧的视频画面，视频文件下方会有视频播放组件预览视频播放效果。PowerPoint 2010 还提供了调整视频文件的功能，通过【视频工具】选项卡中的【格式】和【播放】可以方便地设置视频的格式和播放选项，如图 5-17 所示。

图 5-17　视频工具选项

5.2.10　案例应用——公司的宣传文稿

上海××科技有限责任公司是一家以机械研发与制造为主体的公司，立足国家需求和地方建设。现需要设计公司的宣传文稿，图文并茂地展现公司的特色和实力。宣传文稿中包括首页、公司地址、经营状况、预期目标等内容。

公司的宣传文稿

操作步骤如下。

步骤 1：启动 PowerPoint 2010 主程序，创建一个演示文稿，并将文稿名定义成"上海××科技有限责任公司"。

步骤 2：在标题幻灯片内输入标题并编辑文字格式，内容详见表 5-5。

表 5-5　标题内容及格式

序号	占位符	内容	字体
1	标题	上海××科技有限责任公司	字体为华文新魏，字号为 50
2	副标题	科技兴国　服务地方	字体为宋体，字号为 40

步骤 3：添加一张幻灯片，插入图片，并将图片放大到整个幻灯片，作为背景图片。插入文本框，并输入公司地址，字体为宋体，字号为 40，效果如图 5-18 所示。

图 5-18　图片和文本制作效果

步骤 4：添加一张幻灯片，以图表的形式展现公司的销售情况，数据内容见表 5-6，制作完成的幻灯片效果如图 5-19 所示。

表 5-6　销售数据

年份/年	销售额/亿元	成本/亿元
2017	2.3	2.2
2018	2.5	2.4
2019	3.5	2.8
2020	4.5	3

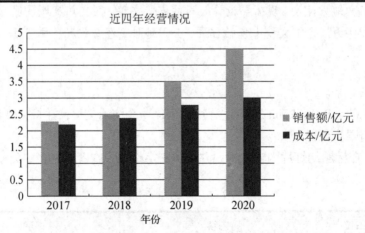

图 5-19　销售图表的制作效果

步骤 5：添加新幻灯片，并插入 SmartArt 图形中的垂直曲形列表，依次在列表中输入内容。

步骤 6：放映幻灯片，预览演示文稿的制作。

5.3 幻灯片的特效设计

引言

在添加好幻灯片的内容后，为了将演示文稿制作得更漂亮，往往需要一些专业的特效设计，使演示文稿具有美丽的外观风格和良好的展示效果。

故事导读

"中国天眼"

今天，被誉为"中国天眼"的是世界第一大单口径射电望远镜——500 米口径球面射电望远镜，简称 FAST，位于贵州省黔南布依族苗族自治州平塘县克度镇。"中国天眼"工程为国家重大科技基础设施，该工程由主动反射面系统、馈源支撑系统、测量与控制系统、接收机与终端及观测基地等几大部分构成，实现大天区面积、高精度的天文观测。

"中国天眼"

500 米口径球面射电望远镜由我国天文学家南仁东先生于 1994 年提出构想，中国科学院国家天文台主导建设，2011 年开工建设，2016 年落成启用。截至 2020 年 11 月，"中国天眼"设施运行平稳，取得了一系列重大科学成果，发现脉冲星数量超过 240 颗。

500 米口径球面射电望远镜是我国具有自主知识产权、世界最大单口径、最灵敏的射电望远镜。"中国天眼"具有全新的设计思路，加之得天独厚的位置优势，使其突破了望远镜的工程极限，开创了建造巨型射电望远镜的新模式。

5.3.1 设置幻灯片背景

在 PowerPoint 2010 中，演示文稿中添加背景实际是设置一种背景样式。通过该背景样式的设计，增加了演示文稿的主题颜色和背景亮度。用户可以根据需要，方便、快捷地进行背景样式的更换。

使用 PowerPoint 2010 设置幻灯片背景的具体操作步骤如下。

步骤 1：选择要设置背景的幻灯片，可以是一张或是多张。如果连续地选择，可以单击首张幻灯片，然后按住 Shift 键的同时单击最后一张；如果间断的选择，可以按住 Ctrl 键，依次选择幻灯片。

步骤 2：单击【设计】选项卡【背景】组中的【背景样式】命令，会弹出【背景样式】列表，如图 5-20 所示。除了软件中提供的背景样式，用户还可以单击【设置背景格式】自行设计，【设置背景格式】对话框内容详如图 5-21 所示。

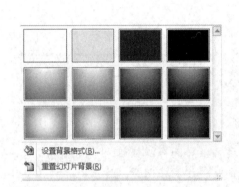

图 5-20　背景样式列表　　　　　　　　图 5-21　【设置背景格式】对话框

步骤 3：在选定好背景样式后，单击鼠标右键，在弹出的快捷菜单中，根据需要选择【应用于所有幻灯片】或【应用于所选幻灯片】选项。

5.3.2　使用幻灯片母版

幻灯片母版是幻灯片层次结构中的顶层幻灯片，用于构建幻灯片的框架。通过幻灯片母版，存储所有与演示文稿有关的主题和幻灯片版式信息，包括背景、颜色、字体、效果、占位符大小和位置等。在演示文稿中，所有的幻灯片都基于幻灯片母版而创建，如果更改了幻灯片母版，那么基于母版创建的幻灯片就相应都发生了更改。利用这种方法，可以一次性地完善多张幻灯片上相同的信息更改，省时省力。

PowerPoint 2010 中自带了一个幻灯片母版，该母版中关联了 11 个幻灯片版式。通过修改幻灯片母版下的一个或多个版式而修改该幻灯片母版，编辑及修改幻灯片母版的步骤如下。

步骤 1：在【视图】选项卡【母版视图】组中，单击【幻灯片母版】按钮，进入【幻灯片母版】视图，幻灯片母版的功能设置选项如图 5-22 所示。

图 5-22　幻灯片母版的功能选项

步骤 2：编辑母版内容，包括编辑占位符、修改格式、背景、主题等，修改后单击【关闭母版视图】按钮即可。

由于幻灯片母版影响整个演示文稿的外观，因此在创建和编辑幻灯片母版或相应版式时，用户将在【幻灯片母版】视图下操作。

5.3.3　制作动画

动画将原本静止的演示文稿对象通过运动的方式，动态地展现给观众，使观众可以更注重要点，并能提高对演示文稿的兴趣。动画效果可以应用于个别或所有幻灯片的文本或对象上，使演示文稿的展现更生动有趣。

PowerPoint 2010 提供了四种不同类型的动画效果，详见表 5-7。在制作动画的过程中，可以单独地使用一种动画，也可以多种动画效果组合使用。例如，在设计一个文本的动画时，可以对这个文本应用【飞入】进入效果、【放大/缩小】强调效果，以及【消失】退出效果。

表 5-7　动画效果类型

序号	动画效果	属性	选项
1	进入效果	对象进入幻灯片的效果	【出现】、【飞入】、【浮入】等
2	退出效果	对象退出幻灯片的效果	【消失】、【飞出】、【浮出】等
3	强调效果	演示时加强对象的效果	【脉冲】、【加深】、【透明】等
4	动作路径	指定对象或文本的路径	【直线】、【弧形】、【转弯】等

具体的操作步骤如下。

步骤 1：选定幻灯片中要设置动画效果的文本或对象。

步骤 2：在【动画】选项卡【高级动画】组中，单击【添加动画】按钮，然后在弹出下拉列表中选择所需的动画效果。

步骤 3：单击【动画】组中的【显示其他效果选项】，弹出所选动画效果的【效果选项】对话框。该对话框会根据所选动画效果的不同而具有不同的选项，满足用户进一步的设计需要，如图 5-23 和图 5-24 所示，分别给出【下浮】和【飞入】两种动画效果的设置方法。

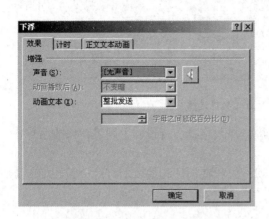 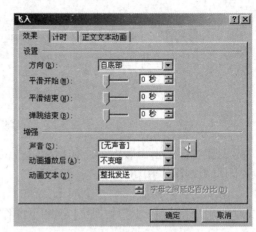

图 5-23 【下浮】对话框　　　　　　图 5-24 【飞入】对话框

当一张幻灯片内多个对象都被定义动画效果，或是一个对象被设置成多个动画效果时，需要对动画效果的播放顺序进行排列，具体步骤如下。

步骤 1：选择要调整动画播放顺序的幻灯片。

步骤 2：在【动画】选项卡【高级动画】组中，单击【动画窗格】按钮，然后在幻灯片右侧会出现【动画窗格】区域，当前幻灯片包含的动画效果都在窗格内，并根据创建的先后顺序进行排列。

步骤 3：如果想调整动画效果的顺序，那么选定要调整顺序的动画，然后利用下方的向上或向下按钮进行位置的上移或下移，如图 5-25 所示。

图 5-25　幻灯片的动画顺序

第 5 章
PowerPoint 2010 演示文稿软件

步骤 4：调整好动画顺序后，会考虑动画开始方式。PowerPoint 共提供了三种动画开始方式，默认是单击开始，见表 5-8。

表 5-8 动画开始方式

序号	开始方式	开始条件	延迟	期间	动画序号
1	单击开始	单击即开始	0	0.5 秒	前一动画序号+1
2	从上一项开始	与上一动画同时播放	0	0.5 秒	与前一动画序号相同
3	从上一项之后开始	上一动画之后播放	0.5 秒	0.5 秒	与前一动画序号相同

步骤 5：如果要删除动画效果，则只需要在动画窗格中，右击要删除的动画效果，在弹出的快捷菜单中选择【删除】命令即可。

5.3.4 案例应用——小学授课课件

吴老师是一名小学教师，明天她要给小朋友讲解一首古诗。为了使授课内容更丰富，她需要制作精美的授课课件，并添加丰富的动画。

操作步骤如下。

步骤 1：启动 PowerPoint 2010 主程序，创建一个演示文稿，并将文稿名定义成"古诗：山行"。

步骤 2：为幻灯片设置背景，调出【设置背景格式】对话框，选择图片文件并应用于所有幻灯片，由此所有创建的幻灯片都具有相同的背景图，如图 5-26 所示。

图 5-26 设置背景图

步骤 3：添加标题和副标题，分别调整标题和副标题的字体和字号，设置格式居中。

步骤 4：添加新幻灯片并插入多个文本框，每个框输入对应内容。如果文本框位置或是格式有问题，可以选中多个文本框，单击鼠标右键选择【设置对象格式】选项，通过【设置形状格式】对话框进行格式调整，调整后效果如图 5-27 所示。

图 5-27　幻灯片内文本编辑

步骤 5：依次为每个本文框设置【出现】动画，通过单击屏幕，文本框依次显示，动画显示顺序如图 5-28 所示。

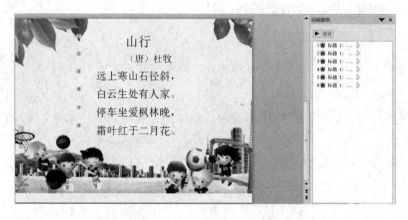

图 5-28　幻灯片内的动画顺序

步骤 6：放映幻灯片，预览演示文稿的制作。

5.4　幻灯片的放映

引言

用户编辑完演示文稿，最终会以放映的形式展现给观众。在实际放映幻灯片的时候，用户可以根据自己的需求设置幻灯片的放映方式。演示文稿可以展现内容，整个放映过程更能透露出作者的特点。

▶ 故事导读 ▶

ASCII知多少？

美国信息交换标准代码（ASCII）是基于拉丁字母的一套计算机编码系统，它是最通用的信息交换标准，并等同于国际标准 ISO/IEC 646。

在计算机中，所有数据的存储和运算都需要使用二进制数表示，因为计算机用高电平和低电平分别表示 1 和 0。例如，像 a、b、c、d（包括大写）这样的 52 个字母及 0、1 等数字还有一些常用的符号（*、#、@等）在计算机中存储时都要使用二进制数来表示。每个人都可以设定一套自己的编码来决定用哪些二进制数字表示哪个符号，然而如果彼此要想互相通信而不造成混乱，那么大家就必须使用相同的编码规则。基于沟通和发展的目的，美国标准化组织开发出 ASCII，统一规定了上述常用符号用哪些二进制数来表示。

ASCII 知多少？

通过 ASCII，真正实现了人机交互。比如，我们在键盘上按下"A"，"A"对应的 ASCII 码是 65，则计算机接收到并存储的是它的二进制形式 01000001。计算机通过 01000001，就知道使用者输入的是"A"。

5.4.1 设置放映方式

PowerPoint 2010 能够贴合用户需要，提供了强大的演示文稿放映功能。默认情况下，用户需要手动放映演示文稿。当然，用户也可以创建自动播放演示文稿，只是需要提前设置好每张幻灯片的切换时间，即幻灯片放映时的停留时间。

PowerPoint 2010 提供了三种幻灯片放映方式，分别是演讲者放映（全屏幕）、观众自行浏览（窗口）和在展台浏览（全屏幕）。单击【幻灯片放映】选项卡【设置】组中的【设置幻灯片放映】按钮，打开【设置放映方式】对话框，如图 5-29 所示。

1. 演讲者放映（全屏幕）

演讲者放映即由演讲者亲自操控全部放映过程，演讲者可以选择逐个放映，也可以自动放映。放映过程中也可以改变放映流程，如进行暂停、回放及进行标记等操作。

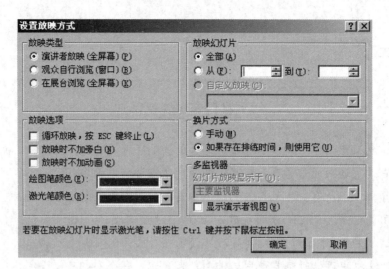

图 5-29 【设置放映方式】对话框

2. 观众自行浏览（窗口）

采用观众自行浏览方式放映时，演示文稿会出现在 PowerPoint 软件窗口中，该方式还允许用户进行一些操作，如移动、编辑、复制和打印幻灯片，这种方式比较适合小规模的演示。

3. 在展台浏览（全屏幕）

该幻灯片放映方式属于一种自动运行的全屏幕循环放映方式，不需要专人管理幻灯片的播放。在幻灯片放映结束后，如果没有接到指令则重新播放；如果需要退出放映，则按 Esc 键退出演示文稿即可。

5.4.2 控制放映过程

为了能够灵活地控制幻灯片的放映过程，展现不同的播放效果，PowerPoint 2010 提供了方便的幻灯片放映控制方法。无论是演讲者全屏放映还是观众窗口内自行浏览，都可以利用快捷菜单控制幻灯片放映的各个环节，用户可以根据需要定义整个过程。

使用 PowerPoint 2010 控制幻灯片放映过程的具体步骤如下。

步骤 1：打开要放映的演示文稿。

步骤 2：单击【幻灯片放映】选项卡【开始放映幻灯片】组中的【从头开始】命令，即可放映演示文稿。

步骤 3：在放映过程中，在放映区域内右击，会弹出快捷菜单，控制幻灯片的放映过程，如图 5-30 所示。

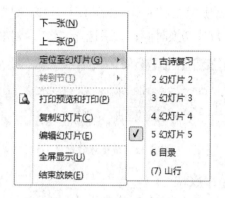

图 5-30 放映过程的控制

5.4.3 设置放映时间

在放映幻灯片时，可以采用人工单击幻灯片进行切换，也可以让幻灯片自动切换放映。如果要确定每张幻灯片在放映时显示时间的长短，一种方法是人为评估并设置每张幻灯片的播出时间；另一种方法是采用排练计时功能，在排练时自动记录时间。

1. 自行设置切换时间

如果要自动播放幻灯片，需要提前设置好幻灯片自动切换时间，如图 5-31 所示。在设置的时候，需要勾选【设置自动换片时间】复选框，并调整其数值，数值越大表明该张幻灯片放映时间越长。

图 5-31 幻灯片的切换时间

2. 排练计时

排练计时是通过排练的方法，计算出每张幻灯片显示的时间，并将这些时间记录下来，设置成每张幻灯片显示的时间，具体步骤如下。

步骤 1：单击【幻灯片放映】选项卡【设置】组中的【排练计时】命令，系统切换到幻灯片放映视图，开始排练放映。

步骤 2：在放映过程中，屏幕左上角会出现【录制】工具栏，每切换一张，都会记录该幻灯片放映的时间和目前总时间。

步骤 3：排练结束后，会出现图 5-32 所示的对话框。该对话框显示幻灯片放映总时间，并询问用户是否保留幻灯片排练时间。如果用户选择"是"，则记录的每张幻灯片排练时间都会自动设置成幻灯片切换时间；如果选择"否"，则本次排练记录取消。

图 5-32　排练计时结果

5.4.4　自定义幻灯片放映

自定义幻灯片放映是一种非常灵活的放映方式，可以根据临时放映内容或是放映对象的不同，自定义一种新型的放映方式。基于自定义放映功能，用户可以在已有的演示文稿中创建一个子演示文稿，用于不同权限或不同分工的放映。

自定义放映功能的设置方法是单击【幻灯片放映】选项卡【开始放映幻灯片】组中的【自定义幻灯片放映】下方箭头，在弹出的菜单中选择【自定义放映】选项，会弹出【自定义放映】对话框，如图 5-33 所示。选择【新建】命令后，会出现【定义自定义放映】对话框，如图 5-34 所示。在【定义自定义放映】对话框中，可以根据需要组建一个子演示文稿列表，可自行定义幻灯片的出现及顺序，定义后单击【确定】即可。

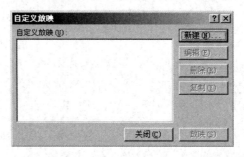

图 5-33　【自定义放映】对话框

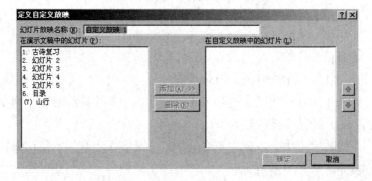

图 5-34　【定义自定义放映】对话框

第 5 章
PowerPoint 2010 演示文稿软件

知识延展

模板是指一个或多个文件，这些文件中所包含的结构和工具构成了已完成文件的样式和页面布局等元素。通常模板中的元素是已确定或是固定下来的，轻易不会改变。通常大家使用的模板种类有：周报、统计数据表、工程汇报等，有了模板，可以对平时文档的规范性起重大的改进作用。幻灯片模板即已定义的幻灯片格式，通过使用模板，可以使幻灯片的制作更简单和更符合专业要求。

交互是指替换、互相、彼此，语出《京氏易传·震》："分阴阳，交互用事。"交互，即交流互动，是很多互联网平台或是应用软件追求打造的一个功能状态。通过某个具有交互功能的界面或是功能项，用户在上面不仅可以获得相关信息或是服务，还能实现用户与用户之间或用户与程序之间的交流与互动，从而激发出更多的思想和需求等。

本章总结

随着办公自动化的普及，演示文稿已经成为目前工作和生活中不可缺少的一部分。PowerPoint 2010 是办公自动化软件 Office 2010 的组件之一，它集文字、图形、声音、动画等多媒体元素于一体，功能十分强大，它以操作方便、开发周期短而深得用户喜欢。

本章介绍了演示文稿的基本操作、插入及编辑幻灯片对象、美化演示文稿等内容。通过理论内容及案例的详细讲解，帮助读者掌握演示文稿的制作，并能够制作出演示文稿的动态效果，赋予幻灯片生机和活力。通过对演示文稿制作的学习，能够帮助读者在演讲、答辩或展示论证时，更完美地展现自己。

关键词

演示文稿，幻灯片，动画，放映

本章习题

【判断题】
1. 采用在展台浏览（全屏幕）放映时，用户可以用快捷菜单控制幻灯片放映。
（   ）
2. 在幻灯片里添加一个文本框，默认情况下为横排文本框。（   ）
3. 幻灯片中的文本框大小不可以调整改变。（   ）

【填空题】
1. 在 PowerPoint 中，要设置幻灯片切换时间，应使用_____选项卡。
2. 选定多个不连续幻灯片，需要按住_____。
3. PowerPoint 的四类动画效果分别是进入效果、退出效果、_____、动作路径。

【选择题】

1. 创建演示文稿时，默认会创建（　　）张幻灯片。
   A. 0　　　　　　　B. 1　　　　　　　C. 2　　　　　　　D. 3
2. PowerPoint 2010 幻灯片母版中共关联了（　　）个幻灯片版式。
   A. 9　　　　　　　B. 10　　　　　　C. 11　　　　　　D. 12
3. 在动画制作时，飞入属于（　　）动画效果。
   A. 进入　　　　　B. 退出　　　　　C. 强调　　　　　D. 动作
4. 扩展名为 ppt 的是（　　）表格类型。
   A. PowerPoint 启用宏的演示文稿　　　　B.PowerPoint 演示文稿
   C. PowerPoint 97-2003 演示文稿　　　　D.PowerPoint 97-2003 设计模板

【简答题】

1. 创建演示文稿的方法有哪些？
2. 简述幻灯片的三种放映方式。

【技能题】

1. 师洋是一名师范学院毕业的学生，目前经过努力已经通过了一所小学的招聘初试环节。为了顺利通过复试面试，她需要制作一个精美的个人简历 PPT，演示文稿里面要包含自我介绍、教育背景、专业技能、证书奖励等内容。

操作引导：

（1）创建演示文稿及插入幻灯片。

（2）设置精美的幻灯片背景。

（3）使用表格、SmartArt 图形表达用户信息。

2. 李芳所在的团队是公司的年度优秀团队，她需要制作多媒体演示文稿，在年底的公司年会上宣传团队。在团队宣传演示文稿中，要介绍团队成员、团队精神、团队服务和团队作品等内容。

操作引导：

（1）创建演示文稿及插入幻灯片。

（2）使用 SmartArt 图形、艺术字等效果展现。

（3）添加动画特效设计。

（4）插入视频、音频等文件。

推荐阅读

1. 龙马工作室. Office 2010 办公应用实战从入门到精通[M]. 北京：人民邮电出版社，2013.
2. 薛芳. PowerPoint 2010 幻灯片制作案例教程[M]. 北京：清华大学出版社，2016.

第 6 章 计算机网络与应用

【学习目标】

1. 了解计算机网络的一些基础知识。
2. 熟悉 Internet 及其相关的基本知识和主要应用。
3. 掌握浏览器和电子邮件的使用方法。
4. 了解 Web 前端开发技术方面的基本知识。

【建议学时】

6~8 学时。

【思维导图】

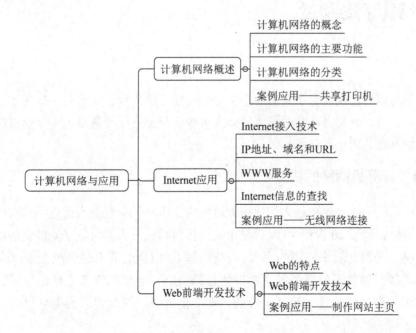

> **故事导读**

互联网发送的第一个信息是"L"和"O"

1969年10月29日22点30分是个历史性的时刻。"互联网之父"伦纳德·克兰罗克和他的助手在加州大学洛杉矶分校3420房间,而另一端,斯坦福研究所研究员比尔·杜瓦在500多千米之外等待着他,他们准备以新时代的方式,从洛杉矶向斯坦福传递一个包含五个字母的单词"LOGIN",意思是"登录"。

克兰罗克:"我们打入'L',对比尔说'L有了吗?'他说'有了'。输入O,问'有O了吗?',比尔说'是,有O了。'输入G问'有G吗?'然后啪一下就死机了。"仪表显示传输系统突然崩溃,通信无法继续进行,世界上第一次互联网络的通信试验仅仅传送了两个字母"LO"。意想不到的互联网上出现的第一条信息是"L"和"O",这是不同凡响的"L"和"O";这是史无前例的"L"和"O";这是属于分布式和包交换的"L"和"O";这是孕育着大数据和云计算的"L"和"O";这也是宣告了互联网时代来临的"L"和"O"。

互联网发送的第一个信息是"L"和"O"

6.1 计算机网络概述

引言

计算机网络的出现改变了我们的生活方式、学习方式和工作方式,改变了我们的观念,改变了世界,散发出独特的魅力。如今的信息社会离不开网络,本节我们将学习计算机网络的概念、功能及分类。

6.1.1 计算机网络的概念

计算机网络的概念早期是人们使用计算机的主机时代,几百人通过各自的终端共同使用一台主机;到了20世纪80年代是个人计算机时代,人们可以享受独自使用一台计算机的乐趣;随着计算机应用的深入,以及人们对信息的需求越来越强烈,众多计算机使用者希望能够共享信息资源,希望各计算机之间能互相传递信息进行通信。个人计算机的硬件和软件配置一般都比较低,功能也有限,因此要求大型与巨型计算机的硬件和软件资源,以及它们所管理的信息资源应该为众多的微型计算机所共享,以便充分利用这些资源。这些原因促使计算机向网络化发展,将分散的计算机连接成网,组成计算机网络。

计算机网络从产生到现在已经发展了几十年,在其发展的过程中,计算机网络的概念也随之不断地演变。现在的计算机网络,已经不仅仅是在物理上简单地把几台计算机连接到一起,而是一个规范的、高效的体系结构。

计算机网络的概念:计算机网络是由地理位置分散的、具有独立功能的多台计算机,利用通信设备和传输介质互相连接,并配以相应的网络协议和网络软件,以实现数据通信和资源共享的计算机系统。

6.1.2　计算机网络的主要功能

计算机网络的功能主要体现在以下几个方面。

1. 数据通信

数据通信是计算机网络最基本的功能,主要完成交换机和计算机之间的相互数据通信,从而方便地进行信息收集、处理与交换。

2. 资源共享

资源是指网络中所有的软件、硬件和数据。共享是指网络中的用户都能够部分或全部地使用这些资源。硬件共享是指计算机网络中的各种输入/输出设备、大容量的存储设备、高性能的计算机都是可以共享的硬件资源,对于一些价格高又不经常使用的设备,可通过计算机网络共享提高设备的利用率,节省重复投资。软件共享是指网络用户对网络系统中的各种软件资源的共享,如计算机中的各种软件、工具软件、语言处理程序等。数据共享是指网络用户对网络中的各种数据资源的共享。网络中的数据库和各种信息资源是共享的一个主要内容。

6.1.3　计算机网络的分类

计算机网络的分类标准很多,可按拓扑结构分为星型、总线型、环型等;可按使用范围分为公用网和专用网;可按交换方式分为报文交换与分组交换等。目前比较公认的分类方法是按计算机网络的分布距离分类。因为在距离、速度、技术细节三大因素中,距离影响速度,速度影响技术细节。

1. 按网络的覆盖范围分类

按网络的覆盖范围不同,网络可分为以下几类。

(1)局域网(Local Area Network,LAN)

LAN是在一个较小的地理范围内,如在一家公司、一所学校或一个办公室内,将计算机、外部设备通过传输媒体连接起来，以实现区域信息资源共享的目标，其传输速度较高。一般的数据传输率在 1～100 Mb/s，传输可靠，误码率低、结构简单、易于实现。

（2）城域网（Metropolitan Area Network，MAN）

MAN 是在一个城市范围内建立的计算机网络，覆盖范围一般在 10 km 左右。通常采用与局域网相似的技术，传输主要采用光纤，传输速率在 100 Mb/s 以上。当前城域网主要是用作骨干网，通过它将同一城市内不同地点的主机、数据库、局域网等相互连接起来。

（3）广域网（Wide Area Network，WAN）

WAN 通常跨接很大的物理范围，如一个国家。广域网包含很多用来运行用户应用程序的机器，通常把这些机器叫作主机，把这些主机连接在一起的是通信子网。通信子网的任务是在主机之间传送信息。将计算机网络中的纯通信部分的子网与应用部分的主机分离开来，可以大大简化网络设计。

（4）互联网（Internet）

目前世界上有许多网络，而不同网络的物理结构、协议和所采用的标准是各不相同的。如果连接到不同网络的用户需要进行相互通信，就需要将这些不兼容的网络通过网关连接起来，并由网关完成相应的转换功能。多个不同的网络系统相互连接，就构成了世界范围内的互联网。比如可以将多个小型的局域网通过广域网连接起来，这是形成互联网的最常见形式。

2. 按网络的拓扑结构分类

按网络的拓扑结构的不同，网络可分为以下几类。

（1）总线拓扑结构

总线拓扑结构是将网络中的所有设备通过一根公共总线连接，通信时信息沿总线进行广播式传送，如图 6-1 所示。

图 6-1　总线拓扑结构

总线拓扑结构简单，增删节点容易。网络中任何节点的故障都不会造成全网的瘫痪，可靠性高。但是任何两个节点之间传送数据都要经过总线，总线成为整个网络的瓶颈。

当节点数目多时,易发生信息拥塞。总线结构投资省,安装布线容易,可靠性较高。在传统的局域网中,是一种常见的结构。

(2)环型拓扑结构

环型拓扑结构中,所有设备被连接成环,信息传送是沿着环广播的,如图 6-2 所示。在环型拓扑结构中,每台设备都只能和相邻节点直接通信,与其他节点通信时信息必须依次经过二者之间的每个节点。

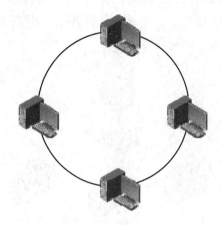

图 6-2 环型拓扑结构

环型拓扑结构传输路径固定,无路径选择问题,故实现简单。但任何节点的故障都会导致全网瘫痪,可靠性较差。网络的管理比较复杂,扩展性、灵活性差,维护困难,投资费用较高。当环型拓扑结构需要调整时,如节点的增、删、改,一般需要将整个网重新配置。

(3)星型拓扑结构

星型拓扑结构是由一个中央节点和若干从节点组成的,如图 6-3 所示。中央节点可以与从节点直接通信,而从节点之间的通信必须经过中央节点转发。

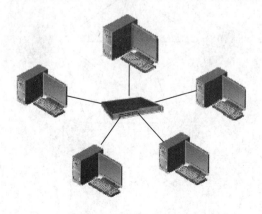

图 6-3 星型拓扑结构

星型拓扑结构简单，组建网络容易，传输速率高。每个节点都独占一条传输线路，消除了数据传送堵塞现象。一台计算机及其接口的故障不会影响到网络，扩展性好，配置灵活，增、删、改一个站点容易实现，网络易于管理和维护。网络可靠性依赖于中央节点，中央节点一旦出现故障将导致全网瘫痪。

（4）树型拓扑结构

树型拓扑结构的结点按层次进行连接，像树一样，有分支、根结点、叶子结点等，如图6-4所示。信息交换主要在上、下结点之间进行。树型拓扑可以看作星型拓扑的一种扩展，主要适用于汇集信息的应用要求。

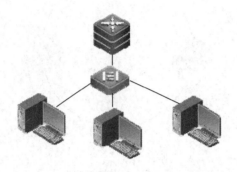

图 6-4　树型拓扑结构

（5）网状型拓扑结构

网状型拓扑结构没有上述四种拓扑那么明显的规则和规律，结点的连接是任意的，如图6-5所示。网状型拓扑结构的优点是系统可靠性高，但是结构复杂，必须采用其他控制方法。广域网中所采用的基本都是网状型拓扑结构。

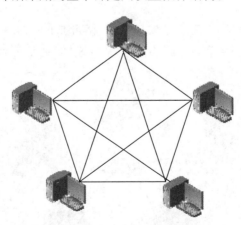

图 6-5　网状型拓扑结构

6.1.4 案例应用——共享打印机

经理让小明将办公室指定的打印机设置成共享,变成网络打印机,与局域网中其他同事紧密配合、共同使用。

解决方案:在控制面板中找到要共享的打印机,在弹出的快捷菜单中选择【打印机属性】命令,在【共享】及相关选项卡中进行设置即可。

操作步骤如下。

步骤1:单击Windows10系统桌面上的【控制面板】,然后选择【控制面板】里【硬件和声音】中的【查看设备和打印机】,如图6-6所示。

图6-6 【控制面板】窗口

步骤2:在【设备和打印机】窗口中,选择想要共享的打印机,然后右击选择【打印机属性】选项。

步骤3:单击进入对应的【打印机属性】对话框,单击【共享】选项卡。

步骤4:在【共享】选项卡里将【共享这台打印机】勾选上,然后单击【确定】按钮,如图6-7所示。

步骤5:打印机共享设置完成后,其他计算机就可以通过网络访问这台共享打印机了。

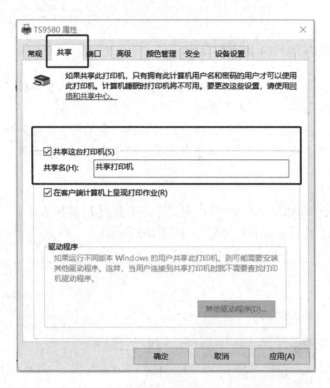

图 6-7 设置共享打印机页面

6.2 Internet 应用

引言

Internet 是计算机网络的集合,以 TCP/IP 协议进行数据通信,能够把世界上各个地方的计算机网络连接到一起,本节我们将学习 Internet 接入技术、掌握 IP 地址、域名、配置 TCP/IP 的方法、浏览器的作用及应用。

▶故事导读◀

中国互联网时代的开启

1994 年 4 月 20 日是标志性的一天,是中国互联网发展史上开天辟地的大日子。经过卓越的努力,我国终于全方位地接入了国际互联网,这一天,是中国互联网时代的起始点。通过美国公司的一条64K国际专线，中国国家计算机与网络设施完成了全功能IP连接，我国打开了网络时代的第一扇大门。

1994年注定是振奋人心的一年，从全功能接入国际互联网的那天起，中国互联网发生了一系列的新变化。同年5月15日，中国科学院高能物理研究所建成国内第一个Web服务器，并推出了国内第一套网页，其中还包含一个叫作"Tour in China"的栏目，专门提供经济、商贸、文化等图文并茂的新闻信息。同年5月底，国家智能计算机研究开发中心开通了曙光BBS站，这是我国基于互联网的第一个BBS站点。中国的互联网基础建设也开始进入"快车道"，其中最重要的一项便是"三金工程"。

中国互联网时代的开启

中国互联网从此拉开序幕！当下，中国互联网人正积极探索科技创新发展之路，一系列与互联网密切相关的新兴产业迅猛发展，与传统产业在争锋中走向了融合共生。

6.2.1 Internet接入技术

目前，Internet的应用越来越普遍，无论是单位还是个人用户都希望能接入到Internet上。随着网络带宽的增加、传输速度的加快，Internet的接入技术的种类也不断增多、技术性能不断改进。任何用户都希望能选择一种最适合自己的、性能价格比高的接入技术。

接入技术根据其传输介质可分为有线接入和无线接入两大类，接入技术的具体分类见表6-1。

表6-1 有线接入和无线接入技术的主要类型

有线接入技术		无线接入技术	
接入方式	说明	固定接入	移动接入
拨号接入	模拟电话网	微波	无线寻呼
ISDN接入	综合业务数字网	一点多址	
ADSL接入	非对称数字用户线	固定无线接入	蜂窝移动电话
HFC接入	混合光纤/同轴电缆		
DDN接入	数字数据网	卫星 VSAT	无绳电话
LLC	电力线上网	直播卫星	卫星移动

下面只简单介绍几种常用的接入技术。

1. PSTN拨号接入

公用电话交换网（Public Switched Telephone Network，PSTN）是一种全球语音通信电路交换网络。最初它是一种固定线路的模拟电话网，当前 PSTN 几乎全部采用数字电话网并且包括移动和固定电话。PSTN 拨号接入技术是利用 PSTN 通过调制解调器拨号实现用户接入的方式。这种接入方式是大家非常熟悉的一种接入方式，最高速率为 56kb/s，已经达到香农定理确定的信道容量极限，这种速率远远不能够满足宽带多媒体信息的传输需求。但由于电话网非常普及，用户终端设备 Modem 很便宜，即 100~500 元，而且不用申请就可开户，只要家里有计算机，把电话线接入 Modem 就可以直接上网。拨号接入方式示意图如图 6-8 所示。

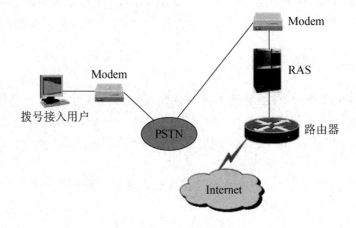

图 6-8　拨号接入方式示意图

2. ISDN拨号接入

综合业务数字网（Integrated Services Digital Network，ISDN）接入技术俗称"一线通"，它采用数字传输和数字交换技术，将电话、传真、数据、图像等多种业务综合在一个统一的数字网络中进行传输和处理。用户利用一条 ISDN 用户线路，可以在上网的同时拨打电话、收发传真，就像两条电话线一样。ISDN 基本速率接口有两条 64kb/s 的信息通路和一条 16kb/s 的信令通路，简称"2B+D"，当有电话拨入时，它会自动释放一个 B 信道来进行电话接听。

像普通拨号上网要使用 Modem 一样，用户使用 ISDN 也需要专用的终端设备，主要由网络终端 NT1 和 ISDN 适配器组成。网络终端 NT1 好像有线电视上的用户接入盒一样必不可少，它为 ISDN 适配器提供接口和接入方式。ISDN 适配器和 Modem 一样又分为内置和外置两类，内置的 ISDN 适配器一般称为 ISDN 内置卡或 ISDN 适配卡，外置的 ISDN 适配器则称为 TA。

3. DDN专线接入

数字数据网（Digital Data Network，DDN）是随着数据通信业务发展而迅速发展起来的一种新型网络。DDN 的主干网传输媒介有光纤、数字微波、卫星信道等，用户端多使用普通电缆和双绞线。DDN 将数字通信技术、计算机技术、光纤通信技术及数字交叉连接技术有机地结合在一起，提供了高速度、高质量的通信环境，可以向用户提供点对点、点对多点透明传输的数据专线出租电路，为用户传输数据、图像、声音等信息。DDN 的通信速率可根据用户需要在 $N×64kb/s$（$N=1～32$）之间进行选择，当然速度越快租用费用也越高。

用户租用 DDN 业务需要申请开户。DDN 的收费一般可以采用包月制和计流量制，这与一般用户拨号上网的按时计费方式不同。DDN 的租用费较高，普通个人用户负担不起，DDN 主要面向集团公司等需要综合运用的单位。

4. ADSL个人宽带接入

非对称数字用户线（Asymmetric Digital Subscriber Line，ADSL）是一种能够通过普通电话线提供宽带数据业务的技术，也是目前极具发展前景的一种接入技术。ADSL 素有"网络快车"之美誉，因其下载速率高、频带宽、性能优、安装方便、无须交纳电话费等特点而深受广大用户的喜爱，成为继 Modem、ISDN 之后的又一种全新的高效接入方式。

ADSL 方案的最大特点是不需要改造信号传输线路，完全可以利用普通铜质电话线作为传输介质，配上专用的 Modem 即可实现数据高速传输。ADSL 支持上行速率 640kb/s～1Mb/s、下行速率 1Mb/s～8Mb/s，其有效的传输距离在 3～5km。在 ADSL 接入方案中，每个用户都有单独的一条线路与 ADSL 局端相连，它的结构可以看作星型结构，数据传输带宽是由每个用户独享的。目前国内电信采用的协议是基于以太网的点对点通信协议（PPPoE）。ADSL 接入的示意图如图 6-9 所示，其中滤波器的作用是分离电话线路中的高频数字信号和低频语音信号，分离后的高频数字信号送入 ADSL Modem，低频语音信号送入电话机。

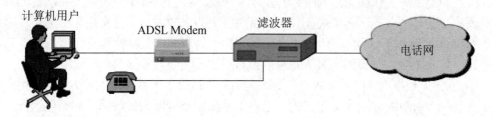

图 6-9　ADSL 接入示意图

5. 光纤接入网

光纤接入网是采用光纤作为主要传输媒体来取代传统双绞线的一种宽带接入网技

术。这种接入网方式在光纤上传送的是光信号，因而需要在发送端将电信号通过电/光转换变成光信号，在接收端利用光网络单元进行光/电转换，将光信号恢复为电信号送至用户设备。光纤接入网具有上下信息都能宽频带传输、新建系统具有较高的性能价格比、传输速度快、传输距离远、可靠性高、保密性好、可以提供多种业务等优点。

按照光纤铺设的位置，光纤接入网可分为光纤到户（Fiber To The Home，FTTH）、光纤到路边（Fiber To The Curb，FTTC）、光纤到大楼（Fiber To The Building，FTTB）、光纤到办公室（Fiber To The Office，FTTO）等。

光纤接入网的基本结构包括用户、交换局、光纤、电/光交换模块（E/O）和光/电交换模块（O/E）（图 6-10）。由于交换局交换的和用户接收的均为电信号，而在主要传输介质光纤中传输的是光信号，因此两端必须进行电/光和光/电转换。

图 6-10　光纤接入网基本结构示意图

6. FTTx+ LAN

高速以太网（FTTx+LAN），即光纤接入和以太网技术结合而成的接入方式，可实现"千兆到楼，百兆到层面，十兆到桌面"，为最终光纤到户提供了一种过渡。

FTTx+LAN 接入比较简单，在用户端通过一般的网络设备，如交换机、集线器等将同一幢楼内的用户连成一个局域网，用户室内只需添加以太网 RJ-45 信息插座和配置以太网接口卡，在另一端通过交换机与外界光纤干线相连即可。总体来看，FTTx+LAN 是一种比较廉价、高速、简便的数字宽带接入技术，特别适用于我国这种人口居住密集型的国家。

7. 无线接入

无线接入技术是指从业务节点到用户终端之间的全部或部分传输设施采用无线手段，向用户提供固定和移动接入服务的技术。采用无线通信技术将各用户终端接入核心网的系统，或者是在市话局端或远端交换模块以下的用户网络部分采用无线通信技术的系统都统称为无线接入系统。由无线接入系统构成的用户接入网称为无线接入网。

无线接入按接入方式和终端特征通常分为固定无线接入和移动无线接入两大类。

① 固定无线接入，指从业务节点到固定用户终端采用无线技术的接入方式，用户终端不含或仅含有限的移动性。此方式是用户上网浏览及传输大量数据时的必然选择，主要包括卫星、微波、扩频微波、无线光传输和特高频等。

② 移动无线接入，指用户终端移动时的接入，包括移动蜂窝通信网（GSM、CDMA、TDMA、CDPD）、无线寻呼网、无绳电话网、集群电话网、卫星全球移动通信网及个人通信网等，是当前接入研究和应用中很活跃的一个领域。

6.2.2 IP 地址、域名和 URL

1. IP 地址

IP 地址在 Internet 中占有非常重要的地位，IP 地址在现有 IPv4 网络中采用 32 比特位来表示。接入 Internet 的每台主机都需要有一个 IP 地址，每个 IP 地址只能分配给网络中的某台主机，但网络中每台主机都可以有多个 IP 地址，如网络中的路由器设备，一般有两个及以上的 IP 地址。IP 地址由两部分组成：一个是网络号；另外一个是主机号。IP 地址的组成如图 6-11 所示。

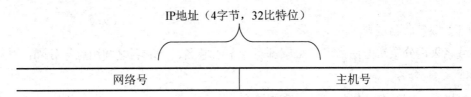

图 6-11　IP 地址的组成

根据网络容量的不同将 IP 地址分为 A 类～E 类。

A 类：网络号以 0 开头，占 1 字节长度（即 0～127），主机号占 3 字节，用于大型网络。

B 类：网络号以 10 开头，占 2 字节长度（即 128～191），主机号占 2 字节，用于中型网络。

C 类：网络号以 110 开头，占 3 字节长度（即 192～223），主机号占 1 字节，用于小型网络。

D 类：网络号以 1110 开头，用于多播地址。

E 类：网络号以 11110 开头，用于实验性地址，保留备用。

IP 地址的类型及划分如图 6-12 所示。

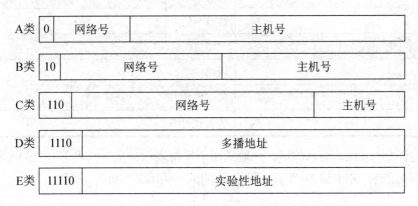

图 6-12　IP 地址类型及划分

2. 域名

IP 地址是对 Internet 和主机的一种数字型标识,这对于计算机网络来说自然是有效的,但对于用户来说,要记住成千上万的主机 IP 地址则是一件十分困难的事情。为了便于使用和记忆,也为了便于网络地址的分层管理和分配,Internet 在 1984 年采用了域名服务系统(Domain Name System,DNS)。

DNS 的主要功能:定义一套为机器取域名的规则,把域名高效率地转换成 IP 地址。DNS 是一个分布式的数据库系统,由域名空间、域名服务器和地址转换请求程序三部分组成。

(1)域名命名规则

域名采用分层次方法命名,每层都有一个子域名,子域名之间用点号分隔,具体格式如下。

主机名. 网络名. 机构名. 最高层域名。

例如:www.sina.com.cn。

(2)域名的基本类型

域名由两种基本类型组成:以机构性质命名的域和以国家地区代码命名的域。常见的以机构性质命名的域,一般由三个字符组成,如表示商业机构的"com",表示教育机构的"edu"等。以机构性质或类别命名的域见表 6-2。

表 6-2 以机构性质或类别命名的域

域名	含义
com	商业机构
edu	教育机构
gov	政府部门
mil	军事机构
net	网络组织
int	国际机构
org	非营利组织

以国家或地区代码命名的域,一般用两个字符表示,是为世界上每个国家和一些特殊的地区设置的,如中国为"cn",日本为"jp",美国为"us",等等。

3. URL

统一资源定位器（Uniform Resource Locator，URL）是对可以从 Internet 上得到的资源的位置和访问方法的一种简捷的表示。URL 给资源的位置提供一种抽象的识别方法，并用这种方法给资源定位。只要能够对资源定位，系统就可以对资源进行各种操作，如存取、更新、替换和查找其属性。

URL 由资源类型、存放资源的主机域名及资源文件名三部分组成。例如：http://www.estedu.com/main.asp 是一个 URL 地址。其中：http 是该资源的类型是超文本信息；www.estedu.com 是易斯敦国际美术学院的主机域名；main.asp 是资源文件名。

6.2.3 WWW 服务

1. WWW

万维网（WWW）是目前 Internet 上发展最快、应用最广泛的服务，WWW 在 20 世纪 90 年代产生于欧洲高能粒子物理实验室（CERN）。开发 WWW 的动机是为了使分布在几个国家的物理学家们更方便地协同工作。1993 年 3 月，第一个图形界面的浏览器开发成功，名字为 Mosaic。1995 年，著名的 Netscape Navigator 浏览器上市，而现在应用浏览器用户数最多的是微软公司的 Internet Explorer（IE）。

WWW 是一个分布式的超媒体（hypermedia）系统，它是超文本（hypertext）系统的扩充。一个超文本由多个信息源链接而成，而这些信息源的数目实际上是不受限制的。利用一个链接可使用户找到另一个文档，而这个文档又可链接到其他文档。这些文档可以位于世界上任何一个接入 Internet 的超文本系统中。

为使超文本传输能够高效率地完成，需要用 HTTP 协议（超文本传输协议）来传送信息。从层次的角度看，HTTP 是面向事务的应用层协议，它是在 WWW 上能够可靠地交换文件（包括文本、声音、图像等各种多媒体文件）的重要基础。

2. IE 浏览器

1994 年年底，微软公司的一个开发小组将他们的浏览器和 Spyglass 公司的 Mosaic 技术整合在一起，开发出 IE 的第一个版本，其后 IE 和 Netscape 的 Navigator 进行了漫长的斗争。2001 年 8 月，IE 发布了 6.0 版。随着微软公司下一代视窗操作系统正式发布，该公司新一代互联网浏览器软件 IE 7.0 的中文版也正式亮相，从 2006 年 12 月 1 日开始，在微软公司的官方网站和中国国内各大门户网站上，消费者均可免费下载该软件，如图 6-13 所示。

图 6-13 IE 浏览器窗口

6.2.4 Internet 信息的查找

在互联网发展初期，网站相对较少，信息查找比较容易。然而伴随互联网爆炸式的发展，普通网络用户想找到所需的资料如同大海捞针，这时为满足大众信息检索需求的专业搜索网站便应运而生。随着互联网规模的急剧膨胀，一家搜索引擎光靠自己单打独斗已无法适应目前的市场状况，因此现在搜索引擎之间开始出现了分工协作，并有了专业的搜索引擎技术和搜索数据库服务提供商。像国外的 Inktomi（已被 Yahoo 收购），它本身并不是直接面向用户的搜索引擎，但向包括 Google、Yahoo、MSN、HotBot 等在内的其他搜索引擎提供全文网页搜索服务。

1. 关键词检索

关键词检索功能是网络信息检索工具的基本检索功能，也是百度最基本的检索功能。关键词属于自然语言，灵活、不受词表控制，但简单的关键词检索方法，命中过多，查准率很低，百度为改善关键词检索性能，提供了按相关度排列结果、布尔逻辑检索、短语或者句子检索、加权检索和限制检索等增强措施。利用百度进行专题信息检索，为提高查准率，须认真分析课题，选择恰当的关键词，掌握和运用百度检索语法规则，准确设计表达需求的检索式，反复调整检索策略，才能获得高质量的检索结果。

（1）单关键词检索

简单专题信息检索最直截了当，就是在搜索框内输入一个关键词，然后单击下面的"百度一下"按钮（或者直接按 Enter 键），结果就出来了。

如果检索人员或用户对查询的领域熟悉，只想寻找某些专题网站，首先考虑用目录检索，百度根据其专业的"网页级别"技术对目录中登录的网站进行了排序，可以使检索具有更高的效率，按所需主题确定沿某类层层查找网站，目录分类明确，网站专题信息集中，剔除了大量不相关的信息。

用百度查询关键词"艺术设计"。首先，双击桌面上的 IE 图标，在地址栏中输入 www.baidu.com，然后在搜索的文体框中输入"艺术设计"并按 Enter 键。搜索结果：约有 100 000 000 项符合"艺术设计"的查询结果，如图 6-14 所示。

图 6-14　单关键词"艺术设计"的检索结果

（2）多关键词检索

使用单关键词检索，获得的信息浩如烟海，而且绝大部分并不符合要求。为了精确地获得内容，就要增加搜索的关键词，建立多关键词的"与""或""非"搜索式，这样可以进一步缩小搜索范围和结果。"与"关系表示搜索的每个结果都必须同时包含关键词。一般搜索引擎需要在多个关键词之间加上"+"，而百度无须用明文的"+"来表示逻辑"与"，只需空格就可以了。关系式"A+B"表示搜索的结果中同时包含 A 和 B。

例如：搜索所有包含关键词"艺术设计"和"现代"的网页，在搜索的文体框中输入"艺术设计 现代"并按 Enter 键。搜索结果：约有 66 000 000 项符合"艺术设计 现代"的查询结果，如图 6-15 所示。

图 6-15 搜索引擎"与"操作

2. 网站搜索

"Site"表示搜索结果局限于某个具体网站或者网站频道,如"sina.com.cn",或者是某个域名,如"com.cn""com"等。如果是要排除某网站或者域名范围内的页面,只需用"-网站/域名"。

例如:搜索包含"北京奥运会"的中文新浪网站页面,在搜索的文体框中输入"北京奥运会 site:sina.com.cn"。

结果:在 sina.com.cn 搜索有关北京奥运会的中文网页,如图 6-16 所示。

图 6-16 指定网站搜索

注意：site 后的冒号为英文字符，而且冒号后不能有空格，否则，"site:"将被作为一个搜索的关键字。此外，网站域名不能有"http"以及"www"前缀，也不能有任何"/"的目录后缀；网站频道则只局限于"频道名.域名"方式，而不能是"域名/频道名"方式。

3. 图像文件搜索

百度提供了 Internet 上图像文件的搜索功能，我们可以选中搜索分类中的【图片】项，然后在关键词栏位内输入描述图像内容的关键词。百度给出的搜索结果具有一个直观的缩略图，以及对该缩略图的简单描述，如图像文件名称及大小等。单击缩略图，页面分成两帧，上帧是图像之缩略图及页面链接，而下帧则是该图像所处的页面。

4. 文档搜索

许多有价值的资料，在互联网上并非普通的网页，而是以 Word、PowerPoint、PDF 等格式存在的。百度支持对 Office（包括 Word、Excel、Powerpoint）文档、Adobe PDF 文档、RTF 文档进行全文搜索。要搜索这类文档，需要在普通的查询词后面加一个"filetype:"文档类型限定。"filetype:"后可以跟以下文件格式：DOC、XLS、PPT、PDF、RTF、ALL。其中，ALL 表示搜索所有这些文件类型。

查找谭浩强关于 C 语言程序设计方面的文档，可输入"C 语言程序设计 谭浩强 filetype:doc"，单击结果标题，可以单击标题后的"HTML 版"，快速查看该文档的网页格式内容。

6.2.5 案例应用——无线网络连接

现在，人们的生活越来越离不开网络，无线网络的出现，让人们摆脱了束缚，随时随地都可以上网。公司新购买了一台笔记本电脑，其已安装 Windows10 操作系统，经理让网络管理员小明使用这台笔记本电脑在办公室无线上网。

解决方案：利用办公室无线路由器，使用内置了无线网卡的笔记本访问无线网络就可以上网了。

操作步骤如下。

步骤 1：在笔记本电脑的桌面，右击【此电脑】图标，选择【管理】选项打开。

步骤 2：在【计算机管理】页面左侧选择【系统工具】、【设备管理器】。

步骤 3：双击打开【设备管理器】，然后选择【网络适配器】并展开，就可以检查笔记本电脑无线网卡的状态，如图 6-17 所示。

说明：如果图标上有黄色叹号，说明无线网卡安装有问题，可以重新安装无线网卡驱动程序。

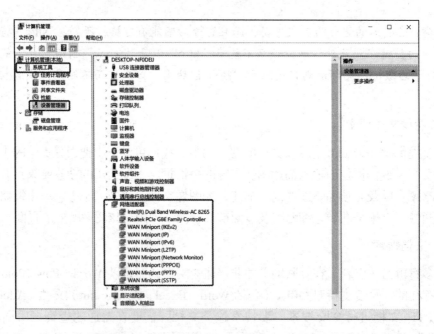

图 6-17　计算机管理页面——【设备管理器】

步骤 4：在【计算机管理】页面左侧，选择【服务和应用程序】选项。

步骤 5：单击展开，选择【服务】选项，在打开的右侧界面中，找到【WLAN AutoConfig】，如图 6-18 所示。

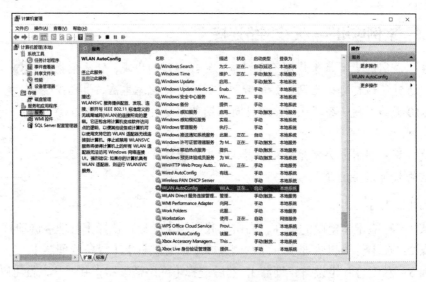

图 6-18　计算机管理页面——【服务】

步骤 6：检查是否已经启动，如果没有启动，右击这个程序选择【启动】选项。

步骤7：关闭【计算机管理】窗口，回到桌面，单击【控制面板】，进入【控制面板】页面。

步骤8：选择【网络和Internet】选项并打开，然后选择【网络和共享中心】中的【连接到网络】打开。

步骤9：在弹出的页面中，选择一个Wi-Fi，进行密码输入。

步骤10：输入好之后，返回到之前页面，选择【网络和共享中心】，单击【更改适配器设置】，在打开的对话框中，即可查看网络连接状态。

步骤11：可以直接单击桌面右下角的【无线网络】连接图标，这样就会显示可以使用的无线网络名称了，如图6-19和图6-20所示。

图6-19 计算机的无线网络

图6-20 网络和Internet中心

步骤12：选择无线网络名称，然后输入密码就可以使用了。

6.3 Web前端开发技术

📝 引言

Web技术是随着Internet使用的普及和发展而兴起的一门技术，前端技术指通过浏览器到用户端计算机的统称，存储于服务器端的统称为后端技术。本节我们将学习Web技术特点，学习使用常用的Web前端开发工具。

6.3.1　Web 的特点

全球广域网（Web），也称为万维网，它是一种基于超文本和 HTTP 的、全球性的、动态交互的、跨平台的分布式图形信息系统，是建立在 Internet 上的一种网络服务，为浏览者在 Internet 上查找和浏览信息提供了图形化的、易于访问的直观界面，其中的文档及超级链接将 Internet 上的信息节点组织成一个互为关联的网状结构。

1. 易导航和图形化

Web 流行的一个重要原因就是它可以在一页上同时显示色彩丰富的图形和文本。在 Web 之前，Internet 上的信息只有文本形式。Web 具有将图形、音频、视频信息集合于一体的特性。

2. 平台无关性

无论用户的系统平台是什么，都可以通过 Internet 访问 WWW。浏览 WWW 对系统平台没有什么限制。无论从 Windows 平台、UNIX 平台还是 Macintosh 等平台用户都可以访问 WWW。对 WWW 的访问通过一种叫作浏览器的软件实现，如 Mozilla 的 Firefox、Google 的 Chrome、Microsoft 的 Internet Explorer 等。

3. 支持分布式结构

大量的图形、音频和视频信息会占用相当大的磁盘空间，用户甚至无法预知信息的多少。对于 Web，没有必要把所有信息都放在一起，信息可以放在不同的站点上，只需要在浏览器中指明这个站点就可以了。

4. 动态性

由于各 Web 站点的信息包含站点本身的信息，信息的提供者可以经常对站上的信息进行更新。如某个协议的发展状况、公司的广告等。一般，各信息站点都尽量保证信息的时间性，所以 Web 站点上的信息是动态的、经常更新的，这一点是由信息的提供者保证的。

5. 交互性

Web 的交互性首先表现在它的超链接上，用户的浏览顺序和所到站点完全由他自己决定。另外，通过 FORM 的形式可以从服务器方获得动态的信息。用户通过填写 FORM 可以向服务器提交请求，服务器可以根据用户的请求返回相应信息。

6.3.2　Web 前端开发技术

1. HTML

超文本标记语言（Hyper Text Marked Language，HTML）是一种标识性的语言，而不是编程语言。它包括一系列标签，通过这些标签可以将网络上的文档格式统一，使分散的 Internet 资源链接为一个逻辑整体。HTML 文本是由 HTML 命令组成的描述性文本，HTML 命令可以说明文字、图形、动画、声音、表格、链接等。

HTML 是标准通用标记语言（Standard Generalized Markup Language，SGML）下的一个应用（也称为一个子集），也是一种标准规范，它通过标记符号来标记要显示的网页中的各个部分。而 SGML 是一种定义电子文档结构和描述其内容的国际标准语言，是所有电子文档标记语言的起源。

HTML 文档是用来描述网页，由 HTML 标记和纯文本构成的文本文件。Web 浏览器可以读取 HTML 文档，并以网页的形式显示出它们。例如，在 QQ 浏览器的 URL 中输入网址 https://www.cnki.net/，所看到网页就是浏览器对 HTML 文件进行解释的结果，如图 6-21 所示。

图 6-21　中国知网首页

右击网页的任何位置，从弹出的菜单中选择【查看网页源代码】，如图 6-22 所示。其中，<head><meta><title><link>等都是 HTML 的标记，浏览器能够正确地理解这些标记，并呈现给用户。

下面简单介绍 HTML 超文本标记语言的发展历史。

HTML1.0：1993 年 6 月，作为互联网工程工作小组（IETF）工作草案发布。

HTML2.0：1995 年 11 月，作为 RFC 1866 发布，在 RFC 2854 于 2000 年 6 月发布之后被宣布过时。

HTML3.2：1996 年 1 月 14 日发布，为万维网联盟（W3C）推荐标准。

HTML4.0：1997 年 12 月 18 日发布，为 W3C 推荐标准。

HTML4.01：1999 年 12 月 24 日发布，为 W3C 推荐标准。

HTML5：2014 年 10 月 28 日发布，为 W3C 推荐标准。

图 6-22　网页源代码

2．CSS

由于 Netscpe 和 Microsoft 两家公司在自己的浏览器软件中不断地将新的 HTML 标记和属性（如字体标记和颜色属性）添加到 HTML 规范中，导致创建具有清晰的文档内容并独立于文档表现层的站点变得越来越困难。为了解决这个问题，哈肯·维姆·莱（挪威）和伯特·波斯（荷兰）于 1994 年共同发明了级联样式表（Cascading Style Sheet，CSS）。

（1）CSS 的作用

CSS 也称为层叠样式表。在设计 Web 网页时采用 CSS 技术，可以有效地对页面的布局、字体、颜色、背景和其他效果实现更加精确地控制。只要对相应的代码做一些简单的修改，就可以改变同一页面的不同部分或者同一个网站的不同页面的外观和格式。采用 CSS 技术是为了解决网页内容与表现分离的问题。

CSS 语言是一种标记语言，不需要编译，属于浏览器解释型语言，可以直接由浏览器解释执行。CSS 标准由 W3C 的 CSS 工作组制定和维护。

（2）CSS 的发展历史

CSS1：1996 年发布，为 W3C 推荐标准。

CSS2：1998 年发布，为 W3C 推荐标准，CSS2 添加了对媒介（打印机和听觉设备）、可下载字体的支持。

CSS3：计划将 CSS 划分为更小的模块，这些模块包括盒子模型、列表模块、超链接方式、语言模块、背景和边框、文字特效、多栏布局等。

3．JavaScript

在 HTML 基础上，使用 JavaScript 可以开发交互式 Web 页面。JavaScript 的出现使网页和用户之间实现了一种实时的、动态的、交互性的关系，使网页包含更多活跃元素和更加精彩的内容。这也是 JavaScript 与 HTML、DOM 共同构成 Web 网页的行为。

（1）JavaScript 的由来

JavaScript 是一种基于对象和事件驱动并具有相对安全性的客户端脚本语言，同时也是一种广泛用于客户端 Web 开发的脚本语言，常用来给 HTML 网页添加动态的功能，如响应用户的各种操作。JavaScript 最初由 Netscape 的布兰登·艾奇设计，是一种由 Netscape 的 LiveScript 发展而来、原型化继承面向对象动态类型的客户端脚本语言，主要目的是为服务器端脚本语言提供数据验证的基本功能。在 Netscape 与 Sun 合作之后，LiveScript 更名为 JavaScript，同时 JavaScript 也成为原 Sun 公司的注册商标。欧洲计算机制造商协会（European Computer Manufacturers Association，ECMA）以 JavaScript 为基础制定了 ECMAScript 标准。

（2）JavaScript 的组成

一个完整的 JavaScript 实现是由核心（ECMAScript）、文档对象模型（Document Object Model，DOM）、浏览器对象模型（Browser Object Model，BOM）三个不同的部分组成的。

6.3.3 案例应用——制作网站主页

公司的开发部积累了一些关于计算机编程方面的资料和视频，经理让小明收集并做一个关于计算机编程的主题网站。

制作网站主页

解决方案：本案例中可使用超文本标记语音 HTML 进行开发，编写代码并运行。

操作步骤如下。

步骤 1：利用记事本编写一个简单的 HTML 示例代码并保存 Web 案例.txt，代码如下所示。

```
<html>
  <head>
     <title>Web 前端开发技术应用</title>
     <style type="text/css">
   p{font-size:20px;color:red;}
   h3{font-size:24px;font-weight:bolder;color:#000099;}
    </style>
  </head>
  <body>
   <center>
     <h1>欢迎光临我的主页</h1>
```

```
            <br>
            <br>
            <h3>Web 前端开发应用</h3>
            <p>HTML</p>
            <p>CSS</p>
            <p>JavaScript</p>
        <font-size:7px;color:red>
         <h3>这是我第一次做主页</h3>
            <a href="http://www.w3school.com.cn/html/">HTML 教程</a>
         </script>
        </body>
</html>
```

步骤 2：修改记事本的扩展名为 Web 案例.html，利用 IE 浏览器打开后效果如图 6-23 所示。

图 6-23　Web 前端开发案例页面

知识延展

互联网协议第 6 版（IPv6）是互联网工程任务组（IETF）设计的用于替代 IPv4 的下一代 IP 协议，其地址数量号称可以为全世界的每粒沙子都编上一个地址。由于 IPv4 最大的问题在于网络地址资源不足，严重制约了互联网的应用和发展。IPv6 的使用，不仅能解决网络地址资源数量的问题，而且也解决了多种接入设备连入互联网的障碍。

防火墙：位于被保护网络或主机与外部网络之间执行访问控制策略的一个或一组系统，包括硬件和软件，通过控制和监测网络之间的信息交换和访问行为来实现对网络安全的有效管理。

第6章
计算机网络与应用

本章总结

本章介绍了计算机网络的发展、拓扑结构、功能及分类、Internet 相关知识、信息获取和信息发布、Web 前端开发技术，通过案例的详细讲解，帮助读者获得共享打印机、笔记本电脑连接无线网、IE 浏览器的使用及制作网站主页应用能力，能帮助读者更好地适应当前大数据时代的变革，以满足学习、工作的需要。

关键词

计算机网络，TCP/IP，Internet，WWW，Web 前端开发

本章习题

【判断题】
1. 国际顶级域名 net 的含义是商业组织。（   ）
2. 建立计算机网络的目的只是实现数据通信。（   ）
3. IP 地址在现有 IPv4 网络中由 128 位的二进制数字组成。（   ）
4. 域名服务系统的主要功能是定义一套为机器取域名的规则，把域名高效率地转换成 IP 地址。（   ）

【填空题】
1. IP 地址分为 A、B、C、D、E 五类，若网上某台主机的 IP 地址是 172.24.200.96，则该 IP 地址属于_____类地址。
2. CSS 也称为_____，可以直接由浏览器解释执行。
3. HTML 的中文全称是_____，它是一种标识性的语言。
4. 在设计 Web 网页时采用_____技术，可以有效地对页面的布局、字体、颜色、背景和其他效果实现更加精确地控制。

【选择题】
1. 计算机网络的分类标准很多，其中（   ）是不属于按拓扑结构分类的类型。
   A. 星型   B. 总线型   C. 波纹型   D. 环型
2. 一座大楼内的一个计算机网络系统，属于（   ）
   A. PAN   B. LAN   C. WAN   D. MAN
3. 计算机网络最突出的特点是（   ）
   A. 资源共享   B. 运算精度高
   C. 运算速度快   D. 内存容量大
4. （   ）结构中，所有设备被连接成环，信息传送是沿着环传播式的，在环型拓扑结构中每台设备都只能和相邻节点直接通信。
   A. 星型拓扑   B. 总线拓扑   C. 环型拓扑   D. 树型拓扑

【简答题】

1. 什么是计算机网络？按覆盖范围划分，计算机网络可以分为哪几种？
2. Web 具有哪些特点？

【技能题】

1. 网络学习平台应用：使用中国大学 MOOC 慕课学习平台（网址为 www.icourse163.org）自主选择要学习的课程并进行课程内容学习，学习过后进行测试，检验自己的学习效果。

操作引导：

（1）登录慕课学习平台，注册账号。

（2）学习慕课网的课程。

（3）使用学习页面的辅助功能。

2. 按主题浏览网络信息资源并保存：登录网易（网址为 www.163.com）进入"科技"板块页面，浏览页面的头条新闻的全部内容，将该条新闻的页面保存在 D:\"学号+姓名"文件夹中。将科技板块中的新闻插图保存到 D:\"学号+姓名"文件夹中。

操作引导：

（1）登录指定网站。

（2）浏览指定内容。

（3）保存指定页面和图片到文件夹中。

推荐阅读

1. 储久良. Web 前端开发技术：HTML、CSS、JavaScript[M]. 2 版. 北京：清华大学出版社，2016.

2. 黄林国. 用微课学计算机网络基础：Windows 10+Office 2019[M]. 北京：电子工业出版社，2020.

第 7 章 IT新技术

【学习目标】

1. 了解人工智能的概念、发展，熟悉人工智能研究内容与应用领域。
2. 了解物联网的概念，熟悉物联网的起源与发展，掌握物联网的关键技术。
3. 了解虚拟现实技术，熟悉虚拟现实技术的发展及应用。

【建议学时】

4~6学时。

【思维导图】

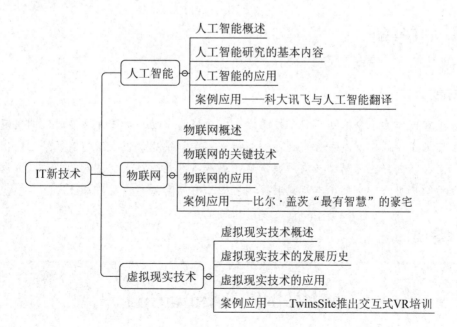

▶ 故事导读 ▶

海尔：人人都是创新体

海尔究竟是如何通过产品创新占领全球市场的？张瑞敏的答案是：由传统组织裂变出来的、分布在企业内部的 2000 个自主经营体，成为创新用户资源的利润中心。

海尔开创了自主经营体模式，将传统的"正三角"组织结构变为"倒三角"组织结构；让消费者成为发号施令者，让一线员工在最上面，倒逼整个组织结构和流程的变革，使以前高高在上的管理者成为倒金字塔底部的资源提供者。

海尔：人人都是创新体

在自主经营体模式下，没有上下级的公司运营规则，2000 多个自主经营体就像海尔内部的活跃细胞，迸发出无与伦比的创新能量。所有变革围绕用户，为用户创造更大的价值，赋予每个自主经营体"用人权"和"分配权"，让每个自主经营体成为参与市场竞争、自我激励、享受增长的虚拟公司。自主经营体模式将员工作为创新源，"员工从听令者变成了主动创新者，与用户的关系变成了主动服务的关系"。所有的经营体必须根据用户的需求变化，将员工与企业的博弈转变为员工为了创造最大价值和自己的能力的博弈。

7.1 人工智能

📝 引言

人工智能作为当今的高新科学技术之一，正成为推动人类进入智能时代的决定性力量。目前人工智能在发展过程中还面临着很多困难和挑战，但人工智能已经创造出了许多智能产品，并将在越来越多的领域制造出更多甚至是超过人类智能的产品，为改善人类的生活做出更大的贡献。本节我们将学习人工智能的概念、发展及应用。

▶ 故事导读 ▶

阿尔法围棋（AlphaGo）

2016 年 3 月，由谷歌（Google）旗下的 Deep Mind 公司的戴密斯·哈萨比斯与他的团队开发的以深度学习作为主要工作原理的围棋人工智能程序阿尔法围棋（AlphaGo），与围棋世界冠军、职业九段棋手李世石进行围棋人机大战，并以 4 比 1 的成绩获胜。2016 年年末至 2017 年年初，该程序在中国棋类网站上以"大师"（Master）为注册账号与中日韩数十位围棋高手进行快棋对决，连续 60 局无一败绩；2017 年 1 月，谷歌 Deep Mind 公司 CEO 哈萨比斯在德国慕尼黑 DLD（数字、生活、设计）创新大会上宣布推出 2.0 版本的阿尔法围棋，其特点是摒弃了人类棋谱，靠深度学习的方式成长起来并挑战围棋的极限。2017 年 5 月，在中国乌镇围棋峰会上阿尔法围棋与世界排名第一的围棋世界冠军柯洁对战，以 3 比 0 的成绩获胜。围棋界公认阿尔法围棋的棋力已经超过人类职业围棋顶尖水平，它的胜利是人工智能历史上的一座里程碑。

阿尔法围棋（AlphaGo）

7.1.1 人工智能概述

人工智能（Artificial Intelligence，AI）是 20 世纪 50 年代中期兴起的一门边缘学科，是计算机科学中涉及研究、设计和应用智能机器的一个分支，是计算机科学、控制论、信息论、自动化、仿生学、生物学、语言学、神经生理学、心理学、数学、医学和哲学等多种学科相互渗透而发展起来的综合性的交叉学科和边缘学科。

1. AI 的定义

AI 是相对于人的自然智能而言的，从广义上解释就是"人造智能"，指用人工的方法和技术在计算机上实现智能，以模拟、延伸和扩展人类的智能。由于 AI 是在机器上实现的，所以有时也称机器智能。

精确定义 AI 是件困难的事情，目前尚未形成公认、统一的定义，于是不同领域的研究者从不同的角度给出了不同的描述。

尼尔森认为：AI 是关于知识的科学，即怎样表示知识、怎样获取知识和怎样使用知识，并致力于让机器变得智能的科学。

温斯顿认为：AI 就是研究如何使计算机去做过去只有人才能做的富有智能的工作。

明斯基认为：AI 是让机器做本需要人的智能才能做到的事情的一门科学。

费根鲍姆认为：AI 是一个知识信息处理系统。

詹姆斯说："我认为，理解智能包括理解：知识如何获取、表达和存储；智能行为如何产生和学习；动机、情感和优先权如何发展和运用；传感器信号如何转换成各种符号，怎样利用各种符号执行逻辑运算，对过去进行推理及对未来进行规划，智能机制如何产生幻觉、信念、希望、畏惧、梦幻甚至善良和爱情等现象。我相信，对上述内容有一个根本的理解将会成为与拥有原子物理、相对论和分子遗传学等级相当的科学成就。"

尽管上面的论述对 AI 的定义各自不同，但可以看出，AI 就其本质而言就是研究如何制造出人造的智能机器或智能系统,来模拟人类的智能活动,以延伸人们智能的科学。AI 包括有规律的智能行为。有规律的智能行为是计算机能解决的,而无规律的智能行为,如洞察力、创造力,计算机目前还不能完全解决。

2. AI 的发展历史

(1) AI 的孕育期

AI 的孕育期一般指 1956 年以前,这一时期为 AI 的产生奠定了理论和计算工具的基础。现在一般认为 AI 的出现汲取了三种资源:基础生理学知识和脑神经元的功能;命题逻辑的形式化分析;图灵的计算理论。图灵的论文《计算机器与智能》中提出了图灵测试、机器学习、遗传算法和增量学习,首次清晰地描绘出 AI 的完整景象。

(2) AI 的基础技术的研究和形成时期

AI 的基础技术的研究和形成时期是指 1956—1970 年。1956 年,纽厄尔和西蒙等首先合作研制成功逻辑理论机。该系统是第一个处理符号而不是处理数字的计算机程序,是机器证明数学定理的最早尝试。

1956 年,另一项重大的开创性工作是塞缪尔研制成功跳棋程序。该程序具有自改善、自适应、积累经验和学习等能力,这是模拟人类学习和智能的一次突破。该程序于 1959 年击败了它的设计者,1963 年又击败了美国的一个州的跳棋冠军。

1960 年,纽厄尔和西蒙研制成功通用问题求解程序系统,用来解决不定积分、三角函数、代数方程等十几种性质不同的问题。

1960 年,麦卡锡提出并研制成功表处理语言 LSP。它不仅能处理数据,而且可以更方便地处理符号,适用于符号微积分计算、数学定理证明、数理逻辑中的命题演算、博弈、图像识别以及 AI 研究的其他领域,从而武装了一代 AI 科学家,是 AI 程序设计语言的里程碑,至今仍然是研究 AI 的良好工具。

1965 年,被誉为"专家系统和知识工程之父"的费根鲍姆和他的团队开始研究专家系统,并于 1968 年研究成功第一个专家系统,用于质谱仪分析有机化合物的分子结构,为 AI 的应用研究做出了开创性的贡献。

1969 年召开了第一届国际 AI 联合会议(ICAI),1970 年《AI 国际杂志》创刊,标志着 AI 作为一门独立学科登上了国际学术舞台,并对促进 AI 的研究和发展起到了积极作用。

(3) AI 发展和实用阶段

AI 发展和实用阶段是指 1971—1980 年。在这一阶段,多个专家系统被开发并投入使用,有化学、数学、医疗、地质等方面的专家系统。

1975 年,美国斯坦福大学开发了 MYCIN 系统,用于诊断细菌感染和推荐抗生素使用方案。MYCIN 是一种使用了人工智能的早期模拟决策系统,由研究人员耗时 5~6 年开发而成,是后来专家系统研究的基础。

1976年，凯尼斯·阿佩尔和沃夫冈·哈肯等人利用人工和计算机混合的方式证明了一个著名的数学猜想：四色猜想（现在称为四色定理）。即对于任意的地图，最少仅用四种颜色就可以使该地图着色，并使得任意两个相邻国家的颜色不会重复，然而证明起来却异常烦琐，利用计算机超强的穷举和计算能力证明了这个猜想。

1977年，第五届国际人工智能联合会会议上，费根鲍姆在一篇题为《人工智能的艺术：知识工程课题及实例研究》的特约文章中系统地阐述了"专家系统"的思想，并提出了"知识工程"的概念。

（4）知识工程与机器学习发展阶段

知识工程与机器学习发展阶段指1981—1990年。知识工程的提出，专家系统的初步成功，确定了知识在AI中的重要地位。知识工程不仅仅对专家系统发展影响很大，而且对信息处理的所有领域都将有很大的影响。知识工程的方法很快渗透到AI的各个领域，促进了AI从实验室研究走向实际应用。

学习是系统在不断重复的工作中对自身的增强或者改进，使得系统在下一次执行同样任务或类似任务时，比现在做得更好或效率更高。

机器学习是研究计算机怎样模拟或实现人类的学习行为，以获取新的知识和技能，重新组织已有的知识结构，不断改善自身的性能。机器学习是AI的核心，是使计算机具有智能的根本途径。

从20世纪80年代后期开始，机器学习的研究发展到了一个新阶段。在这个阶段，联结学习取得很大成功；符号学习已有很多算法不断成熟，新方法不断出现，应用扩大，成绩斐然；有些神经网络模型能在计算机硬件上实现，使神经网络有了很大发展。

（5）智能综合集成阶段

智能综合集成阶段从20世纪90年代至今，这个阶段主要研究模拟智能。

第五代电子计算机称为智能电子计算机。它是一种有知识、会学习、能推理的计算机，具有理解自然语言、声音、文字和图像的能力，并且具有说话的能力，使人机能够用自然语言直接对话。它可以利用已有的和不断学习到的知识，进行思维、联想、推理，并得出结论，能解决复杂问题，具有汇集、记忆、检索有关知识的能力。智能计算机突破了传统的冯·诺依曼式机器的概念，把许多处理机并联起来，并行处理信息，速度大大提高。它的智能化人机接口使人们不必编写程序，人们只需发出命令或提出要求，计算机就会完成推理和判断，并且给出解释。1991年，美国加州理工学院推出了一种大容量并行处理系统，528台处理器并行工作，其运算速度可达到每秒320亿次浮点运算。

第六代电子计算机被认为是模仿人的大脑判断能力和适应能力，并具有可并行处理多种数据功能的神经网络计算机。与以逻辑处理为主的第五代计算机不同，第六代电子计算机本身可以判断对象的性质与状态，并能采取相应的行动，而且可同时并行处理实时变化的大量数据，并得出结论。以往的电子计算机信息处理系统只能处理条理清晰、经络分明的数据，而人的大脑却具有能处理支离破碎、含糊不清的信息的灵活性，第六代电子计算机将具有类似人脑的智慧和灵活性。

20 世纪 90 年代后期，互联网技术的发展为 AI 的研究带来了新的机遇，人们从单个智能主题研究转向基于网络环境的分布式 AI 研究。1996 年，"深蓝"战胜了国际象棋世界冠军卡斯帕罗夫成为 AI 发展的标志性事件。

2011 年至今，随着大数据、云计算、互联网、物联网等信息技术的发展，泛在感知数据和图形处理器等计算平台推动以深度神经网络为代表的 AI 技术飞速发展，大幅跨越了科学与应用之间的技术鸿沟，诸如图像分类、语音识别、知识问答、人机对弈、无人驾驶等 AI 技术，实现了从"不能用、不好用"到"可以用"的技术突破，迎来爆发式增长的新高潮。

7.1.2 人工智能研究的基本内容

AI 是一门新兴的边缘学科，是自然科学和社会科学的交叉学科，它吸取了自然科学和社会科学的最新成果，以智能为核心，形成了具有自身研究特点的新的体系。AI 的研究涉及广泛的领域，包括知识表示、搜索技术、机器学习、求解数据和知识不确定问题的各种方法等。AI 的应用领域包括专家系统、博弈、定理证明、自然语言理解、图像理解和机器人等。AI 也是一门综合性的学科，它是在控制论、信息论和系统论的基础上诞生的，涉及哲学、心理学、认知科学、计算机科学、数学以及各种工程学方法，这些学科为 AI 的研究提供了丰富的知识和研究方法。

1. 认知建模

美国心理学家休斯敦等把认知归纳为如下 5 种类型。

（1）认知是信息的处理过程。

（2）认知是心理上的符号运算。

（3）认知是问题求解。

（4）认知是思维。

（5）认知是一组相关的活动，如知觉、记忆、思维、判断、推理、问题求解、学习、想象、概念形成和语言使用等。

人类的认知过程是非常复杂的，建立认知模型的技术常称为认知建模，目的是从某些方面探索和研究人的思维机制，特别是人的信息处理机制，同时也为设计相应的 AI 系统提供新的体系结构和技术方法。认知科学用计算机研究人的信息处理机制时表明，在计算机的输入和输出之间存在着由输入分类、符号运算、内容存储与检索、模式识别等方面组成的实在的信息处理过程。尽管计算机的信息处理过程和人的信息处理过程有实质性差异，但可以由此得到启发，认识到人在刺激和反应之间也必然有一个对应的信息处理过程，这个实在的过程只能归结为意识过程。计算机的信息处理和人的信息处理在符号处理这一点的相似性是人工智能名称的由来和赖以实现和发展的基点。信息处理也是认知科学与 AI 的联系纽带。

2. 知识表示

人类的智能活动过程主要是一个获得并运用知识的过程,知识是智能的基础。人们通过实践,认识到客观世界的规律性,经过加工整理、解释、挑选和改造而形成知识。为了使计算机具有智能,使它能模拟人类的智能行为,就必须使它具有以适当形式表示的知识。知识表示是 AI 中一个十分重要的研究领域。

所谓知识表示实际上是对知识的一种描述,或者是一组约定,一种计算机可以接受的用于描述知识的数据结构。知识表示是研究机器表示知识的可行的、有效的、通用的原则和方法。知识表示问题一直是人工智能研究中最活跃的部分之一。目前,常用的知识表示方法有逻辑模式、产生式系统、框架、语义网络、状态空间、面向对象和连接主义等。

3. 自动推理

从一个或几个已知的判断(前提)逻辑地推论出一个新的判断(结论)的思维形式称为推理,这是事物的客观联系在意识中的反映。自动推理是知识的使用过程,人类解决问题就是利用以往的知识,通过推理得出结论。自动推理是人工智能研究的核心问题之一。

按照新的判断推出的途径来划分,自动推理可分为演绎推理、归纳推理和反绎推理。

(1)演绎推理

演绎推理是一种从一般到个别的推理过程,是人工智能中的一种重要的推理方式,目前研制成功的智能系统中,大多是用演绎推理实现的。

(2)归纳推理

与演绎推理相反,归纳推理是一种从个别到一般的推理过程。归纳推理是机器学习和知识发现的重要基础,是人类思维活动中最基本、最常用的一种推理形式。

(3)反绎推理

顾名思义,反绎推理是由结论倒推原因。在反绎推理中,我们给定规则 $p \rightarrow q$ 和 q 的合理信念。然后希望在某种解释下得到谓词 p 为真。反绎推理是不可靠的,但由于 q 的存在,它又被称为最佳解释推理。

4. 推理方法

在现实世界中存在大量不确定的问题。不确定性来自人类的主观认识与客观实际之间的差异。事物发生的随机性,人类知识的不完全、不可靠、不精确和不一致,自然语言中存在的模糊性和歧义性都反映了这种差异,都会带来不确定性。针对不同的不确定性的起因,人们提出了不同的理论和推理方法。在 AI 中,有代表性的不确定性理论和推理方法有 Bayes 理论、Dempster-Shafer 证据理论和 Zadeh 模糊集理论等。

搜索是 AI 的一种问题求解方法,搜索策略决定着问题求解的一个推理步骤中知识被使用的优先关系，可分为无信息导引的盲目搜索和利用经验知识导引的启发式搜索。启发式知识常由启发式函数来表示，启发式知识利用得越充分，求解问题的搜索空间就越小，解题效率就越高。典型的启发式搜索方法有 A*、AO*算法等。近几年搜索方法的研究开始注意那些具有百万节点的超大规模的搜索问题。

5. 机器学习

机器学习是研究计算机怎样模拟或实现人类的学习行为，以获取新的知识或技能，重新组织已有的知识结构使之不断改善自身的性能。只有让计算机系统具有类似人类的学习能力，才有可能实现人类水平的 AI。机器学习是 AI 研究的核心问题之一，是当前 AI 理论研究和实际应用非常活跃的研究领域。

常见的机器学习方法有归纳学习、类比学习、分析学习、强化学习、遗传算法和连接学习等。深度学习是机器学习研究中的一个新的领域，其概念由辛顿等于 2006 年提出，它模仿人脑神经网络进行分析学习的机制来解释图像、声音和文本的数据。2015 年，百度利用超级计算机 Minwa 在测试 ImageNet 中取得了世界最好成绩，错误率仅为 4.58%，刷新了图像识别的纪录。机器学习研究的任何进展都将促进 AI 水平的提高。

7.1.3 人工智能的应用

1. 在管理和教育领域中的应用

AI 用于企业管理的意义不在于提高效率，而是用计算机实现人们非常需要做但工业工程信息却做不了或很难做到的事。

智能教学系统（ITS）是 AI 与教育结合的主要形式，也是今后教学系统的发展方向，如图 7-1 所示。信息技术的飞速发展和新的教学体系开发模式的提出和不断完善，推动人们综合运用媒体技术、网络基础和 AI 技术开发新的教学体系。计算机 ITS 就是其中的代表。

图 7-1 ITS 在教育中的应用

2. 在工程领域中的应用

医学智能系统是 AI 与专家系统理论和技术在医学领域中的重要应用,具有极大的科研价值和应用价值,可以帮助医生解决复杂的医学问题,作为医生诊断、治疗的辅助工具。目前,医学智能系统通过其在医学影像方面的重要应用,将扩展在其他医学领域并不断完善和发展。

地质勘探、石油化工等领域是 AI 发挥作用的主要领域。

3. 在技术研究中的应用

在超声无损检测(NDT)和无损评价(NDE)领域中,目前主要采用专家系统方法对超声损伤(UT)中缺陷的性质、形状、大小进行判断和分类。

AI 在电子技术领域的应用可谓由来已久。随着网络的迅速发展,网络技术的安全是人们关心的重点。因此,必须在传统技术的基础上进行技术的改进和变更,大力发展数据控制技术和人工免疫技术等高效的人工智能技术,以及开发更高级的 AI 通用和专用语言。

另外,AI 应用领域还有智能控制、专家系统、机器人学、语言和图像理解、遗传编程、机器人工厂等各个方面。

7.1.4 案例应用——科大讯飞与人工智能翻译

随着"一带一路"倡议的提出,国内与国际间的联系日益紧密,语言障碍成为主要问题之一。突破语言障碍,实现语言互通,成了当务之急。而且,随着我国人民群众生活水平的提高,出国旅游的人越来越多,语言翻译的要求越来越多。

在语言翻译上,机器翻译由来已久,但由于译文死板、翻译速度慢等原因为人诟病。在 AI 技术运用到翻译领域后,机器翻译终于可以和人工翻译一较高下,解决日常生活中的语言障碍问题。科大讯飞的讯飞翻译机 3.0(图 7-2)运用 AI 技术实现了翻译智能化,支持 61 种语言(含中文)实时互译,几乎囊括了所有出国旅游的热门地区的语种。不仅如此,新品翻译机还率先推出方言翻译功能,更加方便人们的使用。

图 7-2 讯飞翻译机 3.0

在科大讯飞的新品发布会上,上海外国语大学高级翻译学院的副院长吴刚博士表示,利用好机器翻译,能够把人工从那些没有创造性的翻译中解放出来,从而可以腾出更多的精力从事更有创造力的活动。

除了亲民的翻译机,AI 技术正在中华文化对外传播上产生更大的应用价值。中国外文出版发行事业局与科大讯飞公司已签署战略合作协议,以 AI 技术为基础搭建翻译平台,包括 AI 翻译平台和 AI 辅助翻译平台(即人机结合的辅助翻译平台),推动中国翻译产业快速发展和中华文化顺利对外传播。

AI 在翻译领域的应用,大大降低了各国之间文化交流的障碍,让更多人能够轻松地学习各国文化知识。现在机器翻译还不能胜过人工翻译,但 AI 正在迅速弥补二者之间的差距。随着 AI 翻译软件的不断优化,机器翻译时代终将到来。

7.2 物联网

引言

物联网是计算机网络的延伸,借助各种信息传感技术和信息传输及处理技术,使管理对象(人或物)的状态能被感知、识别,而形成的局部应用网络。在不远的将来,物联网可以将这些局部应用网络通过互联网和通信网连接在一起,实现万物互联。物联网与人们生活密切相关,并将推动人类生活方式的变革。本节将介绍物联网技术的理论及其在各重点领域的应用。

故事导读

咖啡壶事件

广为人知的物联网起源最早可追溯到 1991 年,剑桥大学特洛伊计算机实验室的科学家们,要下两层楼梯到楼下看咖啡煮好了没有,但常常空手而归,这让工作人员很烦恼。为了解决这个麻烦,他们编写了一套程序,并在咖啡壶旁边安装了一个便携式摄像机,镜头对准咖啡壶,利用计算机图像捕捉技术,以 3 帧/秒的速率传递到实验室的计算机上,以方便工作人员随时查看咖啡是否煮好,省去了上上下下的麻烦。这样,他们就可以随时了解煮咖啡的情况了。

咖啡壶事件

1993 年,这套简单的本地咖啡观测系统又经过其他同事的更新,更是以 1 帧/秒的速率通过实验室网站链接到了互联网上。没想到的是,仅仅为了查看"咖啡煮好了没有",全世界互联网用户蜂拥而至,近 240 万人点击这个名噪一时的咖啡壶网站。

7.2.1 物联网概述

什么是物联网？物联网的概念是如何产生的？物联网的基本思想出现于 20 世纪 90 年代，历史进程复杂，来源不单一。

1. 物联网

物联网（Internet of Things，IoT）是指将各种信息传感设备，如射频识别（RFID）装置、红外感应器、全球定位系统等与互联网结合起来而形成的一个巨大网络。其目的是让所有的物品都与网络连接在一起，系统可以自动、实时地对物体进行识别、定位、跟踪、监控并触发相应事件。物联网是继计算机、互联网与移动通信之后的世界信息产业第三次浪潮。

2. 物联网的起源

物联网的概念在 1999 年被提出，它是把所有的物品通过射频识别等信息传感设备与互联网连接起来，实现智能化识别和管理。物联网是各类传感器和现有的互联网相互衔接的一个新技术，是现有互联网的延伸。

3. 物联网的历史

2005 年，国际电信联盟在《ITU 互联网报告 2005：物联网》中指出，无所不在的物联网通信时代即将来临，世界上所有的物体都可以通过互联网进行主动交换，射频识别技术、传感器技术、纳米技术、智能嵌入技术将得到更广泛的应用。

2008 年 3 月，全球首个国际物联网会议"物联网 2008"在苏黎世举行，会议探讨了物联网的新概念和新技术与如何推动物联网发展到下一个阶段。IBM 前首席执行官彭明盛在该会议上首次提出"智慧地球"的概念，引发了世界范围的轰动。

2009 年 8 月 24 日，中国移动总裁王建宙首次发表公开演讲，提出了物联网理念，即通过装置在各类物体上的电子标签、传感器、二维码等与无线网络相连，从而给物体赋予智能，可以实现人与物体的沟通和对话，也可以实现物体与物体之间的沟通和对话，如图 7-3 所示。

图 7-3 物联网的应用

4. 物联网的三大特征

（1）全面标识感知

物联网中的物体要能将自身和周围情况表达出来，即利用RFID、传感器、二维码等随时随地获取物体的信息；物联网由大量具有感知和识别功能的设备组成，用于感知和识别物体，收集环境信息。

（2）可靠的通信传输

物体要有通信能力，通过各种电信网络与互联网的融合，将物体的信息实时准确地传递出去。

（3）高度智能控制

利用云计算、模糊识别等各种智能计算技术，对海量的数据和信息进行分析和处理，对物体实施智能化的控制。

7.2.2 物联网的关键技术

欧洲物联网项目总体协助组于2009年发布了《物联网战略研究路线图》报告，2010年发布了《物联网实现的展望和挑战》报告。在这两份报告中，将物联网的支撑技术分为以下几种：识别技术、物联网体系结构技术、通信技术、网络技术、网络发现、软件和算法、硬件、数据和信号处理技术、发现和搜索引擎技术、网络管理技术、功率和能量存储技术、安全和隐私技术、标准化。

1. 射频识别

射频识别（Radio Frequency Identification，RFID）是一种非接触式的自动识别技术，可以通过无线电信号识别特定目标并读写相关数据，它主要用来为物联网中的各物品建立唯一的身份标识。

RFID利用射频信号及其空间耦合传输特性，实现对静态或移动待识别物体的自动识别，用于对采集点的信息进行标准化标识。一方面，鉴于RFID技术可实现无接触的自动识别、全天候、识别穿透能力强、无接触磨损、可同时实现对多个物品的自动识别等诸多特点，在物联网识别信息和近程通信的层面起着至关重要的作用，将这一技术应用到物联网领域，使其与互联网、通信技术相结合，可实现全球范围内物品的跟踪与信息的共享。另一方面，产品电子代码采用RFID电子标签技术作为载体，大大推动了物联网的发展和应用。

以后RFID技术将继续保持高速发展的势头。电子标签、读写器、系统集成软件、公共服务体系、标准化等方面都将取得新的进展。随着关键技术的不断进步，RFID产品的种类将越来越丰富，应用和衍生的增值服务也将越来越广泛。

2. 传感器技术

信息采集是物联网的基础,而目前的信息采集主要是通过传感器、传感节点和电子标签等方式完成的。传感器是物联网中获取信息的主要设备,主要负责接收物品"讲话"的内容。根据中华人民共和国国家标准 GB/T 7665—2005,传感器的定义为:能感受被测量并按照一定规律转换成可用输出信号的器件或装置,通常由敏感元件和转换元件组成。常见的传感器包括温度、湿度、压力、光电传感器等。传感器作为一种检测装置,作为获取信息的关键器件,由于其所在的环境通常比较恶劣,因此物联网对传感器技术提出了较高的要求。一是其感受信息的能力,二是传感器自身的智能化和网络化,传感器技术在这两方面应当实现发展与突破。

传感器技术是半导体技术、测量技术、计算机技术、信息处理技术、微电子学、光学、声学、精密机械、仿生学和材料科学等多学科综合的高新技术。

将传感器应用于物联网可以构成无线自治网络,这种传感器网络技术综合了传感器技术、纳米嵌入技术、分布式信息处理技术、无线通信技术等,使各类能够嵌入任何物体的集成化微型传感器协作进行待测数据的实时监测、采集,并将这些信息以无线的方式发送给观测者,从而实现泛在传感。在传感器网络中,传感节点具有端节点和路由的功能:首先是实现数据的采集和处理,其次是实现数据的融合和路由,综合本身采集的数据和收到的其他节点发送的数据,转发到其他网关节点。传感节点的好坏会直接影响整个传感器网络的正常运转和功能健全。

3. 网络和通信技术

物联网的实现涉及近程通信技术和远程运输技术。近程通信技术包括 RFID、蓝牙、ZigBee、总线等,远程运输技术包括互联网的组网,如 3G、4G、5G、GPS 等技术。

作为为物联网提供信息传递和服务支撑的基础通道,通过增强现有网络通信技术的专业性与互联功能,以适应物联网低移动性、低数据率的业务需求,实现信息安全且可靠的传送,是当前物联网研究的一个重点。

M2M(Machine To Machine)技术也是物联网实现的关键。与 M2M 可以实现技术结合的远距离连接技术有 GSM、GPRS、UMTS 等,Wi-Fi、蓝牙、ZigBee、RFID 和 UWB 等近距离连接技术也可以与之相结合,此外还有 XML 和 Corba,以及基于 GPS、无线终端和网络的位置服务技术等。M2M 可用于安全监测、自动售货机、货物跟踪领域,应用广泛。

4. 数据融合

从物联网的感知层到应用层,各种信息的种类和数量都成倍增加,需要分析的数据量也呈级数增加,同时还涉及各种异构网络或多个系统之间数据的融合问题,如何从海量的数据中及时挖掘出隐藏信息和有效数据的问题,给数据处理带来了巨大的挑战,因此怎样合理、有效地整合、挖掘和智能处理海量的数据是物联网的难题。P2P、云计算等分布式计算技术成为解决以上难题的一个途径。云计算为物联网提供了一种新的高效率计算模式,可通过网络按需提供动态伸缩的廉价计算,其具有相对可靠并且安全的数据中心,同时兼有互联网服务的便利、廉价和大型机的能力,可以轻松实现不同设备间的数据与应用共享,用户无须担心信息泄露、黑客入侵等棘手问题。云计算是信息化发展进程中的一个里程碑,它强调信息资源的聚集、优化和动态分配,节约信息化成本并大大提高数据中心的效率。

7.2.3 物联网的应用

物联网丰富的内涵催生出更加丰富的外延应用,物联网的应用主要有如下几个领域。

(1)智能物流。现代物流系统希望利用信息生成设备,如 RFID 设备、感应器或全球定位系统等种种装置与互联网结合起来而形成的一个巨大网络,并能够在这个物联化的物流网络中实现智能化的物流管理。

(2)智能交通。通过在基础设施和交通工具中广泛应用信息、通信技术来提高交通运输系统的安全性、可管理性、运输效能,同时降低能源消耗和对地球环境的负面影响。

(3)绿色建筑。物联网技术为绿色建筑带来了新的活力。通过建立以节能为目标的建筑设备监控网络,将各种设备和系统融合在一起,形成以智能处理为中心的物联网应用系统,有效地为建筑节能减排提供有力的支撑。

(4)智能电网。以先进的通信技术、传感器技术、信息技术为基础,以电网设备间的信息交互为手段,以实现电网运行的可靠、安全、经济、高效、环境友好和安全使用为目的的先进的现代化电力系统。

(5)环境监测。通过对人类和环境有影响的各种物质的含量、排放量以及各种环境状态参数的检测,跟踪环境质量的变化,确定环境质量水平,为环境管理、污染治理、防灾减灾等工作提供基础信息、方法指引和质量保证。

7.2.4 案例应用——比尔·盖茨"最有智慧"的豪宅

比尔·盖茨是 20 世纪最伟大的计算机软件行业巨人之一,做软件出身的他居住的地方也让人叹为观止。比尔·盖茨耗巨资、花费数年建造起来的大型科技豪宅,堪称当今世界智能家居的经典之作,高科技和家居生活的完美融合,成为世界关注的一大奇观。比尔·盖茨的豪宅坐落在西雅图,外界称它是"未来生活预言"的科技豪宅、全世界"最有智慧"的建筑物。这座著名的大屋雄踞华盛顿湖东岸,前临水、后倚山,占地面积极为庞大,为 66000 平方英亩,相当于几十个足球场的大小。这座豪宅共有 7 间卧室、6 个厨房、24 个浴室、一座穹顶图书馆、一座会客大厅和一片养殖鳟鱼的人工湖泊等,如图 7-4 所示。

图 7-4　比尔·盖茨的豪宅的卫星全图

下面我们来看一下比尔·盖茨的豪宅究竟有多少"聪明"的地方吧。

（1）远距离遥控

用手机接通别墅的中央计算机，启动遥控装置，不用进门也能指挥家中的一切。例如，提前放满一池热水，让主人到家后就可以泡个热水澡。当然也可以控制家中的其他电器，如开启空调、调控温度、简单烹煮等。

（2）电子胸针"辨认"客人

相信每个有幸到过比尔·盖茨家里做客的人都会有宾至如归的感觉，之所以会有这种感觉，都是一枚小小的"电子胸针"的功劳。整个豪宅根据不同功能分为 12 个区域，这枚"电子胸针"就是用来辨认客人的。它会把每位来宾的详细资料藏在胸针里，从而使地板中的传感器能在 15 米范围内跟踪到人的足迹。当传感器感应到有人到来时就会自动打开相应的系统，离去时就会自动关闭相应的系统。

但是，如果没有这枚"胸针"就麻烦了，防卫系统会把陌生的访客当作"小偷"或者"入侵者"，警报一响，就会有保安出现在访客的面前了。具体过程是：访客从一进门开始，就会领到一个内置微晶片的胸针，通过它可以预先设定客人偏好的温度、湿度、音乐、灯光、画作、电视节目等条件。无论客人走到哪里，内置的感测器就会将这些资料传送至中央计算机，中央计算机会根据资料满足访客的需求。

（3）房屋的安全系数

豪宅的门口安装了微型摄像机，除了主人外，其他人进门均由摄像机通知主人，由主人向中央计算机下达命令，开启大门，发送胸针进入。当一套安全系统出现故障时，另一套备用的安全系统会自动启用。若主人外出或休息时，布置在房子周围的报警系统便会开始工作，隐藏在暗处的摄像机能拍到房屋内外的任何地方，并且发生意外时，住宅的消防系统也会自动对外报警，显示最佳营救方案，关闭有危险的电力系统，并根据火势分配供水。

虽然讲了这么多，但这些也都只是比尔·盖茨的豪宅的智能家居技术的一小部分。在庞大的豪宅里，处处都是高科技的影子，让人惊叹不已。

7.3 虚拟现实技术

📝 引言

虚拟现实技术是 20 世纪末逐渐兴起的一门综合性信息技术，融合了数字图像处理、计算机图形学、人工智能、多媒体、传感器、网络及并行处理等多个信息技术的最新发展成果，2016 年虚拟现实技术迎来了发展的黄金时期，本节一起来了解虚拟现实技术的基础知识和应用。

▶ 故事导读 ◀

2021年春晚节目《牛起来》

2021年春晚节目《牛起来》

自 1983 年中央电视台举办第一届春节联欢晚会（春晚）起，春晚已经陪着我们度过了 39 个春秋。春晚直播一年比一年清晰，舞台效果一年比一年精美震撼，众多硬核高科技纷至沓来，使有些节目看起来是那么的神奇。

2021 年春晚，创意表演《牛起来》（图 7-5）节目充斥着喜庆的红色牛年元素，炫目的舞台特效、充满科技感的"机械牛"，更是让传统文化与前沿科技水乳交融，为观众献上了视听的盛宴。舞台虚实结合，刘德华与王一博、关晓彤的合唱互动，与机械牛共舞更是无缝衔接，配合完美，而节目单标注刘德华是"云录制"，让人在内心留下了一个小问号。现在真相来了：正是借助央视春晚节目组指导、5G 传输技术、虚拟现实技术，王一博、关晓彤的表演是在北京的春晚现场通过直播呈现，刘德华的演出则是在香港完成的线上云录制，节目借助云技术、虚拟现实技术手段实现北京和香港两地的云端时空互动，实现了在不同的时空，完成了三位演员的异地同台表演。

图 7-5　创意表演《牛起来》

7.3.1 虚拟现实技术概述

1. 虚拟现实技术的含义

虚拟现实（Virtual Reality，VR）技术又称灵境技术，是由美国 VPL Rescarch 公司创始人杰伦·拉尼尔在 1989 年提出的。Virtual 是虚拟，其含义是这个环境或世界是虚拟的，是存在于计算机内部的；Reality 代表真实，其含义是现实的环境或真实的世界。

VR 是指采用计算机技术为核心的现代高科技手段生成一种虚拟环境，用户借助特殊的输入输出设备，与虚拟世界中的物体进行自然的交互，从而通过视觉、听觉和触觉等获得与真实世界相同的感受。

2. 虚拟现实系统的组成

用户通过头盔、手套和话筒等输入设备为计算机提供输入信号，VR 软件收到输入信号后加以解释，然后对虚拟环境数据库进行必要的更新，调整当前虚拟环境视图，并将这一新视图及其他信息（如声音）立即传送给输出设备，以便用户及时看到效果。所以，VR 系统一般由输入设备、输出设备、虚拟环境数据库、VR 软件组成。

（1）输入设备。VR 系统通过输入设备接收来自用户的信息。用户基本输入信号包括用户的头、手的位置及方向、声音等。其输入设备主要有数据手套、三维球、自由度鼠标、生物传感器、头部跟踪器、语音输入设备等。

（2）输出设备。VR 系统根据人的感觉器官的工作原理，通过 VR 系统的输出设备，使人对 VR 系统的虚拟环境得到虚假犹真、身临其境的感觉。它主要由三维图像视觉效果、三维声音效果和触觉（力觉）效果实现。

（3）虚拟环境数据库。虚拟环境数据库存放整个虚拟环境中所有物体的各方面信息，包括物体及其属性如约束、物理性质、行为、几何、材质等。虚拟环境数据库由实时系统软件管理，数据库中的数据只加载用户可见部分，其余保存在磁盘上，需要时导入内存。

（4）VR 软件。VR 软件主要用来设计用户在虚拟环境中遇到的景和物。如 Unity 3D 是由 Unity Technologies 开发的一个让用户轻松创建诸如三维视频游戏、建筑可视化、实时三维动画等类型互动内容的多平台综合型游戏开发工具，是一个全面整合的专业游戏引擎。

3. 虚拟现实的根基

VR 技术就是 VR 的根基，它有哪些呢，本书主要介绍以下几类 VR 技术，如图 7-6 所示。

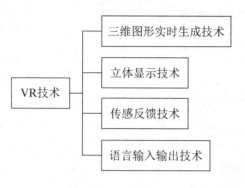

图 7-6　VR 技术

（1）三维图形实时生成技术

现在，利用计算机模型产生三维图形的技术已经十分成熟，但是在 VR 系统中，要求这些三维图形能够达到实时的目的却并不容易。例如，在飞行虚拟系统中，想要达到实时的目的，那么图像的刷新频率就必须达到一定的速度，同时对图像的质量也有很高的要求，再加上复杂的虚拟环境，想要实现实时三维图形生成就十分困难了。因此，图形刷新频率和图形质量的要求是该技术的主要内容。

（2）立体显示技术

在 VR 系统中，用户戴上特殊的眼镜，两只眼睛看到的图像是单独产生的，例如，一只眼睛只能看到奇数帧图像，另一只眼睛只能看到偶数帧图像，这些图像分别显示在不同的显示器上，这样奇数帧、偶数帧之间的不同就在视觉上产生了差距，从而呈现出立体感效果。因为广角立体显示技术，让人们能够感受到逼真、立体的 VR 画面，在视觉感知方面，VR 已经做得十分成熟了，当用户戴上头盔后，就能在虚拟环境里体验到丰富的视觉效果，例如，看到立体的恐龙、月球表面、海里的鲨鱼等。图 7-7 为 VR 游戏中的视觉享受。

图 7-7　VR 游戏中的视觉享受

（3）传感反馈技术

在 VR 系统中，用户可以通过一系列传感设备对虚拟世界中的物体进行五感体验。例如，用户通过 VR 系统看到了一个虚拟的杯子，在现实生活中，人们的手指是不可能穿过任何杯子的表面的，但在 VR 系统中却可以做到，并且还能感受到握住杯子的感觉，这就是传感反馈技术实现的触觉效果，通常人们需要佩戴安装了传感器的数据手套。

（4）语音输入输出技术

在 VR 系统中，语音的输入输出技术就是要求虚拟环境能听懂人的语言，并能与人实时互动，但是要做到这一点是十分困难的，必须解决效率问题和正确性问题。

除了虚拟环境与人进行实时互动之外，在 VR 系统中，语音的输入输出技术还包括用户听到的立体声音效果。音效是很重要的一个环节，现实中，人们靠声音的相位差和强度差来判断声音的方向，因为声音到达两只耳朵的时间或距离有所不同，所以当人们转头时，依然能够正确地判断出声音的方向，但是在虚拟现实中，这一理论并不成立，因此，如何创造更立体、更自然的声效，提高使用者的听觉感知，创造更真实的虚拟情境，是 VR 需要解决的问题。针对这一问题，常用的解决方案叫作"Ambeo"，它是一种针对不同类型环境的音频伞，在虚拟现实的应用中，它带来的音效无比震撼，让人身临其境。

4. 虚拟现实技术的基本特征

VR 技术具有 3 个最突出的特征，沉浸感（Immersion）、交互性（Interactivity）和构想性（Imagination），又称为 3I。

（1）沉浸感

沉浸感又称临场感，是指用户感到作为主角存在于虚拟环境中的真实程度。理想的虚拟环境应该使用户难以分辨真假，使用户全身心地投入计算机创建的三维虚拟环境中，该环境中的一切看上去是真的，包括听上去、动起来、闻起来、尝起来等感觉，就如同真实世界。影响沉浸感的主要因素包括多感知性、自主性、三维图像中的深度信息、画面的视野、实现跟踪的时间或空间响应及交互设备的约束程度等。

（2）交互性

交互性指用户通过使用专门的输入输出设备，用人类的自然感知对虚拟环境中对象的可操作程度和从虚拟环境中得到反馈的自然程度（包括实时性）。VR 更强调自然的交互方式，交互方式主要借助各种专用设备（头盔显示器、数据手套等）进行，从而使用户以自然方式如手势、体势、语言等技能，如同在真实世界中一样操作虚拟环境中的对象。

（3）构想性

构想性指用户在虚拟世界中根据所获取的多种信息和自身在系统中的行为，通过逻辑判断、推理和联想等思维过程，随着系统的运行状态变化而对其未来进展进行相对运动。对适当的应用对象加上 VR 的创意和想象力，可以大幅度提高生产率，减轻劳动强度，提高产品开发质量。

7.3.2 虚拟现实技术的发展历史

VR 技术演变发展史大体上可以分为四个阶段：1963 年以前，蕴涵 VR 技术的前身；1963—1972 年，VR 技术的萌芽阶段；1973—1989 年，VR 技术概念和理论产生的初步阶段；1990 年至今，VR 技术理论的完善和应用阶段。

（1）第一阶段。VR 技术的前身。VR 技术是对生物在自然环境中的感官和动作等行为的一种模拟交互技术，它与仿真技术的发展是息息相关的。中国古代战国时期的风筝，就是模拟飞行动物与人之间互动的大自然场景，风筝的拟声、拟真、互动行为是仿真技术在中国的早期应用，也是中国古人试验飞行器模型的最早发明。西方人利用中国古代科技原理发明了飞机，发明家阿尔伯特·林克发明了飞行模拟器，让操作者能有乘坐真正飞行器的感觉。1962 年，莫顿·海利希的"全传感仿真器"的发明，就蕴涵了 VR 技术的思想。这三个较典型的发明，都蕴涵了 VR 技术的思想，是 VR 技术的前身。

（2）第二阶段。VR 技术的萌芽阶段。1968 年，美国"计算机图形学之父"埃文·萨塞兰开发了第一个计算机图形驱动的头盔显示器（HMD）及头部位置跟踪系统，是 VR 技术发展史上一个重要的里程碑。此阶段也是 VR 技术的探索阶段，为 VR 技术基本思想的产生和理论发展奠定了基础。

（3）第三阶段。VR 技术概念和理论产生的初步阶段。这一阶段出现了 Videoplace 与 View 两个比较典型的虚拟现实系统。由克鲁格设计的 Videoplace 系统将产生一个虚拟图形环境，使参与者的图像投影能实时地响应参与者的活动。由 MMGreevy 领导完成的 View 系统，在装备了数据手套和头部跟踪器后，通过语言、手势等交互方式，形成 VR 系统。

（4）第四阶段。VR 技术理论的完善和应用阶段。在这一阶段，VR 技术从研究型阶段转为应用型阶段，广泛运用到科研、航空、医学、军事等人类生活的各个领域中，如美军开发的空军任务支援系统和海军特种作战部队计划与演习系统（对虚拟的军事演习也能达到真实军事演习的效果）和北京航空航天大学开发的 VR 与可视化新技术研究室的虚拟环境系统等。

7.3.3 虚拟现实技术的应用

1. 综合教育

VR 技术在教育领域的应用为推动教育发展提供了有利的条件，VR 技术真实的临场感和沉浸式体验，有助于促进教育均衡，缩短城乡、区域资源配置差距。VR 技术可以帮助学生学习实用技能，特别是在建筑和设计方面，为老师和学生提供了众多方便和可能。

2. 临床医学

和其他学科相比，医学的实践要求更高，例如，手术观摩，通常外科医生的培养要经过漫长的过程，但是和 VR 技术应用结合将大大缩减学习时间和效率。还有尸体解剖类的练习，结合 VR 技术可以不受标本，不受场地限制。

3. 驾照考试与汽车体验

技术与驾照考试相结合，学员可以在家进入虚拟场景模拟练习汽车驾驶，模拟各种路况，让驾驶员知道安全驾驶的重要性；VR 汽车体验无疑会激起消费者对汽车的兴趣，汽车展厅也无须更多的空间来展示更多的汽车，所有的汽车款式都能够在 VR 环境中让用户体验，十分方便。

4. 零售购物

自 2016 年以淘宝为首的 BUY+虚拟电商购物产品，应用混合现实（Mixed Reality，MR）技术，轻松融合虚拟与现实的场景。购物者可以像逛商场一样去逛平台，把线下的购物体验模拟到 VR、MR，这种颠覆性的体验式消费将在感官上刺激消费者，吸引消费者。

5. 建筑设计

VR 技术搭建虚拟建筑物，可以展示一栋栋逼真的虚拟建筑物，让人产生身临其境的感觉，设计者可通过图形设备向设计者展示，并可模拟，允许设计者做出修改，充分利用 VR 技术减轻设计人员的劳动强度，缩短设计周期，提高设计质量，如图 7-8 所示。

图 7-8 VR 技术在未来沉浸式建筑设计中的应用

6. 艺术展览展示

如今 VR 技术的迅速发展带动着艺术家以这种新型媒介方式展现他们的艺术作品。

VR 技术的自身特点在融入艺术创作时更加突出了艺术家想要带给观众的感受，传统的展览形式以美术馆为主，受制于场地的界限、空间、地域等问题，展览形式大多如一，充分利用 VR 技术特点，使艺术展览展示更加多样，更具有现代特色，让人耳目一新。

7. 工程机械

工程机械作为施工建筑的专业设备，随着时代的发展进步需要新兴技术来提升性能和效率，VR 样机原型设计，客户通过 VR 系统即可感受产品的性能和功能；沉浸交互式的 VR 工程机械，使机械虚拟维修和装配培训从此简单高效，并通过 VR 技术让企业的营销展示更加便捷。

8. 文化旅游

在旅游业日益蓬勃发展的今天，VR 技术的引入一定会成为景区建设的下一个"风口"，而虚拟空间旅游建设的关键问题就是针对特定的自然景观设计相应的虚拟空间，使整个景区达到一种虚拟与现实的完美结合。

7.3.4 案例应用——TwinSite 推出交互式 VR 培训

由欧洲最大的租赁施工设备提供商 Ramirent/Loxam 推出的 TwinSite 是一种以交互式建筑工地及其周边为背景的虚拟场景，旨在提高建筑业的工地安全性。

TwinSite 由实时媒体和制片工作室 OneReality 在虚幻引擎中构建，为建筑工地上的人员提供沉浸式的交互式学习环境。TwinSite 包含许多不同类型、不同阶段的建筑工地。

欧洲各地都有法规要求租赁公司在出租各种设备前进行健康和安全培训。不过即使在法律没有明确要求的地方，许多公司为了支持他们的客户也会提供这种服务，因为后者需要承担严格安全标准的义务。在这种情况下，数字化平台 TwinSite 就可以帮助降低成本并促进知识传递。TwinSite 不必在异地培训设施中开展培训，而可以在建筑工地就地设置和使用，既可以使用传统的平面屏幕 2D 形式，也可以通过 VR 技术提供更有沉浸感的逼真体验。可以安排工地上的工人们在某个时间学习教学课程，包括操作程序和安全说明。交互式 VR 环境可以准确再现真实世界中的情境，人们发现它的沉浸性比起传统教学方法更善于传递知识，而且还能为实操人员提供安全而经济的训练场。

知识延展

增强现实（Augmented Reality，AR）是虚拟现实的一个分支，主要是指把真实环境和虚拟环境叠加在一起，然后营造出一种现实与虚拟相结合的三维情景。

认知计算（Conitive Computing）是指模仿人类大脑的计算系统，利用计算模型模仿人类思维过程，让计算机像人一样思维。认知计算涉及使用数据挖掘、模式识别和自然语言处理的自学习系统，来模仿人类大脑的工作方式。认知计算机系统利用机器学习算法，通过挖掘反馈给它们的信息数据不断获取知识。

本章总结

本章首先介绍了人工智能的概念，梳理了关于人工智能的发展历史，对人工智能研究的基本内容及应用做了介绍；其次，介绍了物联网的基本概念、物联网的关键技术及应用；最后对 VR 技术的基本概念、发展历史及应用做了介绍。每节最后都通过典型应用案例，加深对人工智能、物联网、VR 等新技术的理解，以满足学习工作的需要。

关键词

人工智能；物联网；VR；RFID

本章习题

【判断题】

1. 人工智能应用于企业管理的意义在于提高效率。（ ）
2. 图灵的论文《计算机器与智能》中提出了图灵测试、机器学习、遗传算法和增量学习，首次清晰地描绘出 AI 的完整景象。（ ）
3. RFID 是一种非接触式的自动识别技术，可以通过无线电信号识别特定目标并读写相关数据。它主要用来为物联网中的各物品建立唯一的身份标识。（ ）
4. VR 系统一般由输入设备、输出设备、虚拟环境数据库、虚拟现实软件组成。（ ）

【填空题】

1. VR 技术的基本特征是：_____、_____和_____。
2. _____是一种从一般到个别的推理过程，是人工智能中重要的推理方式，目前研制成功的智能系统中，大多是用此实现的。
3. 传感器作为一种检测装置，作为摄取信息的关键器件，由于其所在的环境通常比较恶劣，因此物联网对传感器技术提出了较高的要求。一是_____，二是_____，传感器技术在这两方面应当实现发展与突破。
4. _____和_____是三维图形实时生成技术的主要内容。

【选择题】

1. _____是 VR 软件，让用户轻松创建诸如三维视频游戏、建筑可视化、实时三维动画等类型互动内容的多平台综合型游戏开发工具。
   A. Unity 3D 　　　　　　　　B. Adobe Photoshop
   C. Camtasia Studio　　　　　　D. Adobe Premiere

2. _____是人工智能的核心,是使计算机具有智能的根本途径。
   A. 管理软件   B. 管理硬件
   C. 智能学习   D. 机器学习
3. 物联网的英文名称是_____。
   A. Internet of Matters   B. Internet of Things
   C. Internet of Theorys   D. Internet of Clouds
4. 物联网的概念是在_____年由欧洲的科学家首次提出的。
   A. 1999   B. 2005
   C. 2009   D. 2010

【简答题】
1. 什么是人工智能?人工智能的应用有哪些领域?
2. 物联网的关键技术主要包含哪些内容?
3. 简述虚拟环境数据库的含义。

推荐阅读

1. 钟义信. 高等人工智能原理:观念·方法·模型·理论[M]. 北京:科学出版社,2014.
2. 刘丹. VR 简史:一本书读懂虚拟现实[M]. 北京:人民邮电出版社,2016.

参 考 文 献

佘玉梅,段鹏,2018. 人工智能原理及应用[M]. 上海:上海交通大学出版社.
周新丽,2016. 物联网概论[M]. 北京:北京邮电大学出版社.
曹望成,马宝英,徐洪国,2015. 物联网技术应用研究[M]. 北京:新华出版社.
张泽谦,2019. 人工智能:未来商业与场景落地实操[M]. 北京:人民邮电出版社.
朱扬清,罗平,2015. 计算机技术及创新案例[M]. 北京:中国铁道出版社.
史忠植,2016. 人工智能[M]. 北京:机械工业出版社.